创新简史

打开人类进步的
黑匣子

赵炎 ◎ 著

清华大学出版社
北　京

内 容 简 介

人类为什么能够演化成今天这样？是什么驱动人类社会的进步？什么是创新？创新到底需要什么特质，规避什么风险？本书采用"记叙＋议论"的体裁，纵观整个人类历史，从技术、科学、体制、产业、文化等方面，用丰富的故事细节为公众展示人类创新的过程，并分析其中的各种问题，也有对一些经典问题如"钱学森之问""李约瑟难题"、中国产业创新"七宗罪"的思考和分析，既给人以趣味，又引人思考。

图书在版编目（CIP）数据

创新简史：打开人类进步的黑匣子 / 赵炎著 . —北京：清华大学出版社，2019（2019.12 重印）
ISBN 978-7-302-53041-1

Ⅰ . ①创… 　Ⅱ . ①赵… 　Ⅲ . ①技术革新－技术史－世界 　Ⅳ . ①N091

中国版本图书馆 CIP 数据核字（2019）第 094450 号

责任编辑：高晓蔚
封面设计：李伯骥
版式设计：方加青
责任校对：王荣静
责任印制：丛怀宇

出版发行：清华大学出版社
　　　　　网　　　址：http：//www.tup.com.cn，http：//www.wqbook.com
　　　　　地　　　址：北京清华大学学研大厦 A 座　　　　　邮　　编：100084
　　　　　社 总 机：010-62770175　　　　　　　　　　　　　邮　　购：010-62786544
　　　　　投稿与读者服务：010-62776969，c-service@tup.tsinghua.edu.cn
　　　　　质 量 反 馈：010-62772015，zhiliang@tup.tsinghua.edu.cn
印 装 者：三河市龙大印装有限公司
经　　销：全国新华书店
开　　本：170mm×240mm　　　　印　　张：14.25　　　　字　　数：230 千字
版　　次：2019 年 6 月第 1 版　　　印　　次：2019 年 12 月第 3 次印刷
定　　价：58.00 元

产品编号：082894-01

序 1

应赵炎教授之约为其新著《创新简史：打开人类进步的黑匣子》作序，主要是出于两点考虑。一是支持赵炎教授这样潜心向学的青年才俊从事创新知识普及和文化传播；二是认同出版这本书的社会价值，也希望创新研究学界同人致力于"让社会公众理解创新"的伟大事业中去。

改革开放 40 年，中国科学技术发展能力、产业创新发展能力、社会创新发展能力和环境创新发展能力显著提升，航空航天、高速铁路、新能源、智能汽车等战略性新兴产业取得了重大突破，培育出了华为、海尔、大疆、阿里巴巴、腾讯等一大批具有世界影响力的创新型企业。但是，中国的前瞻基础研究、前沿引领技术开放和颠覆性创新与主要发达国家相比仍然存在较大差距，迫切需要弘扬创新精神，加大创新投入，优化创新教育培训，讲好中国创新故事。

事实上，从熊彼特发端的创新研究到中国决策实施国家创新驱动发展战略的 100 年里，创新战略、政策和管理问题已经引起社会各界的高度关注，一切问题从创新出发去思考、去行动、去评价已经日益普遍。但是，什么是创新？为什么要创新？有什么创新？如何创新？对于大多数社会公众来说，创新仍然是雾里看花、水中望月。学校教科书中讲的理论力学、电磁学、量子力学、热力学和统计力学等往往聚焦理论阐述，少有创新案例教学，缺乏创新对人类社会影响的深入思考。科学家和创新实践者忙于学术研究、发表论文和创新创业，无暇做大众普及，畅销书作家则受制于学科基础知识壁垒，难以涉足创新历史案例研究。

　　在历史课本里，历史学家对人类历史上那些血腥的战争、黑暗的动荡或者胜利者的丰功伟绩情有独钟，创新则常常被轻描淡写地一笔带过，鲜有浓墨重彩的介绍，以至于社会公众对创新的理解往往仅停留在概念上，除了关注创新带来的光彩夺目的奖项和花环之外，难以对创新过程的复杂性和艰巨性有深入的了解，难以从思考青史留名的创新故事中获得创新启迪。当今社会需要崇尚创新、宽容失败的创新意识，更需要一批"创新网红"潜心创新故事开发，让创新的知识更加通俗易懂，让创新故事更加有血有肉，让创新的艰辛更加鲜活逼真，启迪创新创业者，培育社会创新意识。

　　赵炎教授本科和研究生毕业于中国科技大学，不仅与我是校友，而且有理科转人文社科的类似经历。赵炎教授秉承中国科技大学"红专并进，理实交融"的校训，注重理论与实践的结合，近年来学术研究硕果累累，热心组织学术活动，积极承办中国科学学与科技政策研究会主办的学术年会，对创新的社会意义也给予了有深度、有价值的思考。例如，他对飞机的发明、DNA双螺旋结构的发现、人工智能发展等名垂史册的创新案例进行了深入研究，用放大镜来审视创新，尝试从新的视角详细描述一系列有独到见解的创新故事，对于著名的"钱学森之问"和"李约瑟难题"进行了系统思考，相信读者能从中看到以前从来没有看过，甚至没有想过的东西。

　　创新，并不是神秘的空中楼阁，并不是科学家、工程师的烟雾缭绕的专属领地，而是社会公众都可以理解并且去体验的领域。希望赵炎教授的《创新简史：打开人类进步的黑匣子》这本书，有助于把创新这个概念从学术研究的小天地推向广阔的社会公众，引起全社会对创新故事背后深层次影响因素的思考，并且燃起社会公众攀登世界高峰和大众创业万众创新的激情。

中国科学学与科技政策研究会
中国科学院科技战略咨询研究院
中国科学院大学公共政策与管理学院
穆荣平
2019 年 3 月 18 日

序 2

在 21 世纪的今天，人类已经进入了知识经济、知识社会。我们国家的大众科学素养还需要提升，科学精神还需要加强。一方面，电视里的五花八门的娱乐节目是无法做到这件事的；另一方面，我们虽然已经有了获得雨果奖的科幻作家刘慈欣，有了科幻大片《流浪地球》，但是这仍然属于流行文化，很难得到学术界的认可（刘慈欣的《三体》和《流浪地球》都曾被职业科学家拿来进行"科学性挑刺"）。然而，中国的学术圈一方面拿着放大镜来对流行文化"挑刺"，另一方面又不屑于做这种"下里巴人"的事情，更多地仍然是在自己的"阳春白雪"天地里自娱自乐。

今天的中国学术界，非常强调"论文导向""学术导向"。姑且不论这种导向对不对，实际情况是：几乎没有多少学者关心科学精神的大众普及。毫无疑问，这对于创新型国家的建设是非常不利的。我们缺少像写出《人类简史》《未来简史》《今日简史》的尤瓦尔·赫拉利，缺少写出《时间简史》的霍金。虽然他们是学者，但是他们把大众普及作为一项重要的工作，而且以此为乐、以此为荣。

显然，上海大学赵炎教授的这一本《创新简史：打开人类进步的黑匣子》打破了这个现状。从这个意义上讲，赵炎也做了一次不折不扣的创新。

我拿到书稿，发现赵炎把创新分为技术、科学、体制、产业四个方面。这是颇有新意的。并且，书中对许多创新过程的细节描写很精彩。这也是我们创新管理的学者们往往忽视的。事实上，那些历史上的经典创新案例能够给我们的启示，往往蕴藏在丰富的细节中。如果要做到完美主义的创新，就必须懂得"魔鬼在细节中"的道理。否则，我们可能就永远也无法真正做到颠覆性创新、革命性创新。

赵炎还深入浅出地探讨了创新的相关问题，例如创新的双刃剑效应、创新与竞争的关系、中国产业创新的七宗罪、专业教育是否适合于创新、粗放式创新与集约式创新，等等。有些观点属于学术领域的一家之言，但是角度独特却是毋庸置疑的。最重要的是，他用通俗的语言，把学术界的不同观点、学术研究的前沿问题，展示给普通大众，这就为提升大众对创新的认知水平作出了很大的贡献。

尤其值得一提的是，在书的最后一章，赵炎对创新的基本概念进行了回顾和反思，指出"创新的最终目的是要提升人类的福祉，而这种福祉并不局限于在市场上以金钱衡量的价值，而是包括了体制的优化、社会的进步、人类道德水平和治理水平的提升、科学认识的进步和突破、产业结构的升级等"。这就对创新的内涵进行了升华。对于熟知"熊彼特范式"的创新管理学者来说，我们的确应当把创新的概念进行重新审视。今天的中国，不仅满足于建设一个创新型国家，而且要怀揣建设人类命运共同体的更加宏大的梦想。毫无疑问，创新学者需要在这个伟大的历史进程中扮演重要的角色。为此，我们一方面应当对创新的概念进行重新梳理，建立新的创新理论体系，将之付诸实践，推动社会和经济的进步；另一方面，我们也需要更多地意识到并承担起普及科学精神的责任，为提高全民族的创新意识而努力。时至今日，这后一项工作显得越来越重要、越来越迫切。

清华大学经管学院创新创业与战略系
清华大学技术创新研究中心
陈 劲
2019 年 3 月 20 日

序 3

　　我与赵炎教授相识是因为我们同在中国科技大学管理学院讲 MBA 课，但是在两个不同的专业领域，他讲"创新创业管理"，我讲"证券投资学"。当赵炎教授请我为《创新简史：打开人类进步的黑匣子》作序的时候，我还有点意外：我对创新管理这个学术领域没有做过专门研究，何以作序？

　　不过，看完书稿，我感到很大的满足和兴奋，也非常乐于为之作序。

　　"产业的变革：用价值去征服"这一章，选取了瓦特蒸汽机这个案例，浓墨重彩，讲了很多过去鲜为人知的细节。瓦特先是与罗巴克合作，然后认识了博尔顿。博尔顿的冒险精神、创业精神，成为瓦特蒸汽机从构想变成现实的道路上的重要推动力。尽管一度穷困潦倒，甚至四面楚歌，但是博尔顿的经营头脑、敏锐眼光使他敢于对这么一个充满未知的技术进行长期、持续的大量投资。最终，峰回路转，柳暗花明，他们的勇气和嗅觉获得了回报，瓦特蒸汽机成了工业革命的代名词。这个案例，其实就是今天我们资本市场中的风险投资的雏形。从天使投资人罗巴克，到 A 轮、B 轮、C 轮……的投资者博尔顿，瓦特这位高技术创业者走过了一条曲曲折折、荆棘遍布的道路，最终实现了创新成果的产业化和个人价值的实现。

　　在今天，风险投资的体系已经高度发达。创新者如果有真正闪光的创意，那就有可能获得资本市场的青睐，在短时间内"从 0 到 100"，迅速做大做强，并且迅速占领市场。在北京、上海、深圳、杭州乃至全国各地，千千万万的创业者怀揣着激情，走在高技术创新创业的道路上，梦想有一天成为中国的瓦特、乔布斯、扎克伯格。但是，今天的创业者已经不再是当年的瓦特，私募股权投资公司也不再是当年的博尔顿。大家的想法、诉求都有了很大的进步，需要在更高的水平上进行合作。

金融是经济体系的润滑剂，也是创新的催化剂。为什么美国的硅谷能够成为创新者的天堂？一个重要的原因就是美国高度发达的风险投资体系为高科技创业企业提供了充足的动力。这种动力并不仅仅是金钱上的，包括IDG、红杉资本等风险投资公司的经理们，在产品研发、营销渠道、公共关系等方面对高科技企业给予了充足的支持。这种"增值服务"，既是雪中送炭，也是锦上添花。它大大缩短了创新成果产业化的时间。

中国的资本市场已经建立了自己的创业板，科技创新板的首批拟上市企业名单也刚刚出炉，整个国家都处在兴奋和热切的盼望中。中国在创新型国家建设的道路上走得越来越自信、越来越矫健。我们期待着，中国的资本市场能够给高科技企业插上腾飞的翅膀，为创新型国家的建设添砖加瓦。

这本书给我的最大启示是：推动人类社会进步的首先是在科学、技术、产业、体制创新方面作出杰出贡献的发明家、科学家，其次是那些将发明家、科学家的创新成果产业化并造福于人类的企业家，再次是敢于将资本投资于创新型企业从而加速创新成果产业化的金融家。

这本书文笔流畅，我会推荐给我的不同年龄、不同行业的朋友都来阅读。特别希望青少年朋友也来阅读。

海通创新证券投资有限公司董事长

时建龙博士

2019 年 3 月 20 日

前言

写《创新简史：打开人类进步的黑匣子》这么一本书，有来自三方面的灵感，或者说渊源。

从 2004 年开始，我就进行技术创新、创新网络、创新联盟和集群的研究。十多年的教学、研究和社会服务生涯，令我越来越感觉到，我们这个国家需要创新。但是，在创新的理念，尤其是基本概念的内涵和外延方面，有很多需要梳理的地方。2012 年，出版了《创新管理》教材之后，不少学校、课程班采用了这本教材，但是也有很多人问我："创新只在技术、科学上才有吗？在商业或者其他领域中，难道就没有创新了？创新过程中到底有什么问题是值得我们注意的？"为创新正本清源，让这个社会对创新的概念更加清晰，我感觉这个责任越来越重。但是，要解决这个问题，接下来另一个问题就冒出来了——怎么做？如果还是用我们学术研究的套路，出教材、出学术专著，进行观点的阐述，能有好的效果吗？我很怀疑。不讳言地说，科学精神在我们的民众中还是匮乏的，普通老百姓对于科学、技术、文化、体制、产业这些基本领域的了解还很不够。虽然我们的大学毕业生数量已经突破了每年 800 万人，但是高学历并不意味着就懂得和发扬科学精神了——就拿我带的硕士生、博士生来说，很多对科学研究的基本方法、框架、思想都是一无所知的，需要重新进行逻辑思维、整合思维、批判性思维、问题导向思维的培训，而这种情况在中国高校并不鲜见；往大了说，在产业界、政界，甚至学术界，我们的一些"精英"所做的事情都是不科学甚至反科学、伪科学的。所以我觉得，在目前这个时期，用学术灌输、说教的方法，不太容易取得好的效果。怎么办？

2015 年，读了尤瓦尔·赫拉利的《人类简史》，我怦然心动。这本书是非常"异类"的一本历史书，它对于人类历史作出了令人匪夷所思的阐述，然而掩卷沉思，又令人不得不对其中大胆的想象力和自洽的逻辑而赞赏。尤其是对于"科学—资本主义—帝国"三者的相互增强的关系的探讨，让我这个从小就对世界史感兴趣的人有了一种醍醐灌顶般的对诸多史实的全新角度思考。用这种科普的文笔来进行历史知识的传授，或者说进行个人观点的营销，是很巧妙的，而且也是需要很深功力的（顺便说一句，《人类简史》中有关"科学""技术""科技"的概念没有梳理清楚。当然，我们也没有必要对作者求全责备）。并且，由于参与了中国科协的一些工作，我了解到科协近年来越来越强调科普、科幻的工作。因此，我渐渐意识到，用一种类似于科普的笔法来撰写这么一本书，应该是有可能得到大众承认的。

第三个方面的渊源，应该说是自己的一点私心——一颗未曾泯灭的当作家的心。虽然当一名大学教师是很忙碌的（绝不像大多数人想象的那样悠闲自在），而且在中国的高校做老师实在是压力山大，各种考核指标、会议、表格、评估满天飞——然而这也让我有了足够的动力，保持对新鲜知识的饥饿感。尤其是我们做创新管理的研究，更需要"不务正业"，要博采百家之长。近几年，三位作家的书籍让我大呼过瘾。

本书初稿完成之际，《流浪地球》电影还未上映，但是科幻作家刘慈欣的《三体》早已声名鹊起。建立在费米悖论"Where is everybody（大家都去哪儿了）"的基础上，并通过逻辑推理（虽然经过中科大校友的分析，逻辑并不完全严密）建立了"黑暗森林"法则，我认为这个套路是我看过的所有科幻小说中最为逻辑自洽的，因此也是最"接近真实"的科幻小说；并且书中还推出了诸如"飞刃""智子""水滴""曲率驱动飞船""二向箔"等令人目眩的"黑科技"，还对"黑暗森林"的末世场景进行了正面强攻，这种写作内容和技法上的创新也是技术上难度极高的。可以说令人脑洞大开，大呼过瘾。弗·福赛斯的间谍惊悚小说则仿佛教科书一般，不厌其烦地把间谍工作中的每个环节、每个动作都从头到尾进行详细刻画，细节描绘的丰富简直到了外科手术般令人发指的程度，让人看着他的小说几乎就可以依样画葫芦地去做一个间谍。马伯庸的《风起陇西》和《三国机密》，用一种全新的视角解读了三国历史，看上去似乎荒诞不经，但是仔细推敲却不无道理，而且历史的这种可能性是不能绝对排除的，并且这种解读是建立在作者对正史深刻透彻的参悟基础上的，如果没有对正史的每一个细节的深刻理解和反复推敲，是不可能写出这种作品的。在我看来，这三位畅销书作家不仅在各自的领域做了出色的创新工作，而且还在无形之中培养了公众的科学意识、创新意识、想象力、逻辑思维和批判性思维。他们做到的，正是我们这些创新研究学者日日夜夜梦寐以求的。

所以，有这三个因素，我便决定用这种科普而不是学术的笔法来进行创新概念的推广。虽然这本书不属于严格意义上的科普书籍，但是行文是异曲同工的。

我们的公众对于创新往往只知大概，不求甚解。例如技术领域的晶体管的诞生、科学领域的电磁学理论的发展等。创新到底需要什么特质？需要注意什么问题？需要规避什么风险？每个细节都是值得推敲的。因此，我尝试用丰富的细节来为公众展示创新过程，并分析其中的各种问题，引发大家的思考。在第一章中，关于发现 DNA 双螺旋结构的故事就是一个非常引人深思的案例。希望通过这样的案例，能让热衷于"创新"的全社会都冷静下来，多思考一些创新的相关问题。若能如此，则心意足矣。

创新是一个非常宽泛的话题，涉及方方面面。因此，书中也有对一些经典问题的思考和分析，例如"钱学森之问""李约瑟难题"，还有对中国产业创新的"七宗罪"的拷问。

创新的概念是外国人提出的，学术研究的理论也大多是翻炒国外的理论。本书在最后尝试着提出"集约式创新"和"粗放式创新"的概念，并且用"精致式创新"去对应学术界已有的"朴素式创新"，试图总结和提炼出适合中国情境的创新模式。本书还用"情趣式创新"来概括在中国比较普及的、群众喜闻乐见的创新。

感谢清华大学出版社高晓蔚编辑的大力支持。本书终于即将付梓，这与高编辑的努力是分不开的。经过千日的酝酿和数易其稿，希望这次创新性的尝试也能体现出笔者期待的价值。如果没有，那当然不是读者的错，也不是笔者的错，因为创新的本意就是 trial and error（试错），不断地犯错、不断地纠错。反反复复，寻寻觅觅，有错则改，无错加勉，砥砺前行，才能像生物进化树那样，一次又一次地证明某一条道路走不通，到最后只剩下那一条走得通的道路，那就是我们最终要走的路。

赵炎

于上海大学管理学院

2019 年 3 月 12 日

目录

第四章
体制的力量：举起那只看得见的手

第五章
产业的变革：用价值去征服

第六章
创新可以被教出来吗？

第七章
创新与文化的纠葛

第八章
创新：回到概念的本源

第一章

历史上的创新

第一节
创新：推动人类演化的力量

一、人类的演化

人类为什么能够演化成今天这样？人类社会为什么能够进步到今天这个程度？对于今天忙忙碌碌的人们来说，这两个问题实在是毫无意义。但是，仔细思考起来，又有谁能够一句话说得清楚？

6 亿～ 7 亿年前，动物在地球上出现。从那以后，动物界的演化基本上是依靠无意识（或者说自发的）行为而进行的。不论蚯蚓在土壤里挖掘，还是海豚在大洋中嬉戏，不论雄鹰在万米高空中翱翔，还是猎豹在广袤草原上捕食，它们的行为大都不是自觉的。生命的演化速度也处于一个相对较为缓慢的水平。

距今 10 万～ 15 万年以前，在东非生活的现代人类的祖先——智人，刚刚开始学会生火，开始宣称这个世界上存在神灵。他们看起来是那么顽冥不化，似乎再过 100 万年、1000 万年，他们的生存状态也不会有什么大不了的改善。

然而，就是从那时候开始，智人逐步从东非向这个星球的各个区域挺进，开始征服地球。从那以来，智人以及随后的人类开始有意识地运用自己的四肢和头脑，并且是越来越多地依靠头脑，来开展日常的生产和生活。在此过程中，人类的智力水平大大地提升了，行为的主动性大大地增强了。

2000 年前，人类所能从事的复杂的、称得上有技术含量的活动，不过是制作弓箭、战车，或者耕种小麦、玉米，或者像阿基米德提出杠杆原理和浮力原理，或者像李冰主持修筑都江堰水利工程。

500 年前，人类所能做的最复杂的事情，可能达到了制造大型帆船、原始火箭的水平，或者推导出地球围绕太阳旋转的模型，或者进行超过上万公里的横跨欧亚大陆的远程贸易，或者像王安石那样推行新法、像英格兰那样推出《权利法案》，或者像达·芬奇、米开朗琪罗那样在文化领域大有建树。

200 年前，人类有了缝纫机、动力织布机，提出了概率和微积分，发明了煤气灯，创作出了《马赛曲》，证明了牛痘的预防效果，用载人氢气球进行空中侦察。卡文迪许测量了万有引力常数，伏打发明了干电池，瓦特的蒸汽机开始被大规模运用于经济领域，英国政府实施了单一金本位制。

50 年前，美国已经能够发射金星探测器和地球同步轨道通信卫星，IBM 的民用计算机开始使用集成电路，苏联航天员实现了太空行走，日本的高速铁路新干线的时速超过 200 千米。

今天，一个毫不起眼的普通人所做的任何一件平淡无奇的事情，例如在办公室敲击电脑键盘和发送 Email，乘坐民用飞机做长途旅行，或者在家里用遥控器打开电视机和空调，用电饭煲做饭，在我们的远古亲戚的眼中都越来越显得不可思议。他们一定会认为，眼前的这个怪物究竟在做一些什么事情？看上去这么奇怪，甚至不可理解！

在人类社会进步的过程中，人类的认知能力、技术能力、组织能力、沟通能力越来越强大。与其说是越来越多地改造地球，不如说是越来越深刻地改造人类自身。随着仿生学、人工智能、计算机网络的迅猛发展，人类也在自我进化，而且这个进程就像奔驰在高速铁路上的列车，越来越快，停不下来。[1] 当然，这个过程也伴随着问题：人究竟会变成什么？我们究竟希望自己变成什么？"人"的定义最后会变成什么？人在各方面能力的强化，终将把我们引向何处？[2] 人类社会将走向何方？

二、创新的各个领域

从智人开始，我们就在不断强化自己的各方面能力。技术的进步从未中

---

[1] 尤瓦尔·赫拉利. 人类简史 [M]. 林俊宏，译. 北京：中信出版社，2014.
[2] 有的科幻小说和电影就揭示了这样的前景，就是"人"最终脱离了有形的躯体而存在，例如《黑客帝国》和《时间移民》。

断。技术方面的创新一直是创新的主战场。[①] 最早的石器工具（石刀、石斧）赋予了原始人十倍甚至百倍于自己双手的力量，使得更有效率的采摘、更加精巧的制作生活用品，甚至更加大胆的猎杀狮虎豹等活动成为可能。火的应用使人类掌握了强大的自然力量。车轮的发明使长距离快速移动成为可能。时至今日，技术的进步使我们在更多的领域做得更好、更快、更精细、更有效，使生活更加丰富和便捷。如果技术演化的加速原理的确存在的话（正如到目前为止所显示出来的那样），[②] 我们地球人类的科学认知将迅速增强，而且很可能呈一种指数增长的趋势。有可能在不远的将来，我们就会进入技术大爆炸的时代，今天新出现的技术到了明天早上就会变得一文不值。然而，就像克隆、转基因、原子能、大型水坝等技术引起广泛的争论、质疑甚至声讨一样，技术进步给人类带来的问题往往并不比福利少。对此我们应当保持清醒和谨慎，甚至提前保持一点杞人忧天的态度也未尝不可，至少比狂妄自大的人类中心主义和人类沙文主义强。

人类是有好奇心的。最早的人就有仰望星空的本能（尽管随着互联网和智能手机的泛滥，这种本能似乎正在迅速退化）。科学发现作为好奇心的产物，一直在人类社会的演进中扮演重要的、基础性角色。从哥白尼到伽利略，从牛顿到爱因斯坦，从达尔文到史蒂芬·霍金，人类运用自己的聪明才智，一步步加深对现实世界的认识。每一个科学上的发现，都意味着人类对现实世界的认知又加深了一层。这种科学认知的加深，为人类在其他领域的前进提供了关键知识。尽管我们这种认识和宇宙中更高级的智慧和文明相比，可能还无法相提并论，但是这毕竟是我们人类可以自我选择的进程。

为了彻底地摆脱原始部落那种靠山吃山靠水吃水、男人外出捕猎和采集野果、女人饲养牲畜和操持家务的生活方式，人类不断地扩大生产规模，升级生产方式。先是畜牧业从农业中分离出来，形成了第一次社会大分工；接下来，手工业脱离了农业；再后来，商品生产、货币也开始出现；此后，机器化大生产、大规模生产的实现，极大地提高了人类的生产能力，也极大地改善了我们的生活；互联网的出现、信息化的进展、个性化定制，为人类再

---

① 事实上，创新领域的研究主要就是从技术方面起源的，包括约瑟夫·熊彼特、切萨布鲁夫、克里斯滕森、许庆瑞等学者都是技术创新研究的重要学者。

② 刘慈欣. 三体 [M]. 重庆：重庆出版社，2007.

一次实现生产能力的跳跃式发展注入了原动力。产业方面的创新，一直以来都是人类文明社会中的主战场。归根结底，创新不能停留在论文纸面或者专利证书的层面，实现商业价值和社会价值是必由之路，而这就必须归结到生产活动——也就是产业。

仓廪实而知礼节。人类在填饱肚皮、仰望天空之余，也创造了愉悦自我的活动。有的人拿起了小提琴和风笛，用各式各样的旋律去追求情人；有的人拿起了颜料和毛笔，用时而狂放不羁、时而细致入微的笔墨来刻画现实世界或者理想中的天国；有的人则用榔头和剪刀来抒发自己的情感；甚至当人们围坐在酒桌或者茶壶前，觥筹交错或者坐而论道之际，也诞生了形形色色的酒文化和茶文化。历史上，文化方面的创新层出不穷，把人塑造成了今天这样拥有复杂情感、强调丰富体验的样子。如果没有这些文化活动，人不过是会拿起工具做出一个桌子、让自己能够吃饭睡觉活下去、没有任何情感、不会享受生活的行尸走肉罢了。时至今日，文化上的新生事物越来越复杂，门类也越来越多。今天，很多人在选择变换国籍的时候，文化方面的考虑事实上扮演着关键的角色——你究竟喜欢交响乐还是广场舞，更愿意品尝香槟葡萄酒还是茅台五粮液？

一个有争议的创新领域，可能是人为了生产生活而进行的组织管理方式。一个原始部落内部的主要活动概括起来可能只有5～6种工作，只要依靠一个白发苍苍、经验丰富的族长的权威进行管理，就能确保所有人（或者大多数人）相安无事地和平共处下去。农业社会中的见多识广的村长、城邦中的聪明睿智的元老、游牧民族中的能征善战的首领，都是特定条件下诞生的组织管理的领袖。然而，生产的社会化大分工越来越精细，社会的组成部分越来越多样化，数量越来越庞大。今天的一家数百人规模的软件公司，其中的分工种类数量可能就超过了《清明上河图》所刻画的宋代都城的分工种类数量。社会这台机器越来越复杂和难以驾驭，人类社会也相应地创造了不可谓不丰富多样的制度，对这种大规模群体的组织模式和管理方法提供解决方案。两党制和多党制，议会制和君主立宪制，大陆法系和英美法系，资本主义和社会主义……人类社会在体制创新方面所展现出的创造力从来都不逊色于科学和技术领域。

在人类历史上，涌现了无穷无尽的创新。事实上，在人类演化的历史长河中，创新就是一个一个的脚印，每一次创新活动和创新成果，都引导人类向更聪明、更智慧、更灵活、更强大的方向前进，也引导人类社会向着更复杂、更精确、更有弹性的方向进步。毫不夸张地说，人之所以是今天的人，就是因为历史上成千上万的创新活动，一点一点地把我们塑造成了今天这个样子。人类为什么能够演化成今天这样？人类社会为什么能够进步到今天这个程度？关于这些问题，答案就隐藏在创新这个黑匣子中。

第二节
世界历史上的创新案例

一、科学创新：DNA双螺旋结构

1953 年 4 月 25 日，美国遗传学家沃森（James Watson）和英国物理学家克里克（Francis Crick）在英国《自然》（*Nature*）杂志发表了一篇合著的论文，提出 DNA 双螺旋结构模型。这个发现宣告了分子生物学的诞生，在生命科学史上翻开了划时代的一页，给人类社会带来了巨大的影响。

1 过程

20 世纪 50 年代前后，有一批物理学家和化学家采用 X 线衍射技术研究 DNA 分子结构，包括著名的伦敦皇家学院的威尔金斯实验室，还有加州理工学院的鲍林实验室。而真正的发现者，则是个非正式的研究小组，事实上他们可以说是不务正业。

1951 年，23 岁的沃森既是一位遗传学者又是一位野鸟观察家，他 15 岁时进入芝加哥大学，那时还是个早熟而无礼的青年。他于 1951 年从美国到剑桥大学卡文迪许实验室做博士后时，虽然其真实意图是要研究 DNA 分子结构，挂着的课题项目却是研究烟草花叶病毒。比他年长 12 岁的克里克是一位晶体学家，他认为自己在 30 岁左右时就已经相当出色了。当时他正在做博士学位论文，论文题目是"多肽和蛋白质：X 射线研究"。沃森说服与他分享同一个办公室的克里克一起研究 DNA 分子模型。他们从 1951 年 10 月开始拼凑模型。

1951 年，他们俩都是名不见经传的小人物，35 岁的克里克连博士学位还没有拿到。受到前人的影响，他们原来按照三股螺旋的思路进行了很长时间的工作，可是既构建不出合理模型，也遭到结晶学专家的强烈反对，工作陷入僵局。1953 年 2 月，他们看到了威尔金斯（Maurice Wilkins）等人拍摄的 DNA 晶体的 X 射线衍射照片。[①] 根据照片，整日焦虑于 DNA 结构的沃森和克里克立即领悟到了——两条以磷酸为骨架的链相互缠绕形成了双螺旋结构，氢键把它们连接在一起。分别代表腺嘌呤、胞嘧啶、胸腺嘧啶和鸟嘌呤的 A、C、T、G 按照一定的次序排列于双链上，A 与 T 相对应，C 与 G 相对应。知道一条 DNA 链上的字母顺序，另一条链也自然得到了确认。DNA 的双螺旋链不断盘绕，加上蛋白质，就形成了存在于每个细胞核内的染色体。

利用从剑桥的五金行里取得的零件，沃森逐渐收集了大量用作 DNA 成分的部件，并在克里克的帮助下将它们组合在了一起。这些部件的组合一旦完成，沃森与克里克便如同蓄势待发的飞行员，跑道上的指示牌、旗帜以及指示灯已经一一到位，只等他们完美地起飞。几经尝试，他们终于在 1953 年 3 月获得了正确的模型。最终制成的模型清晰明了、精美而令人印象深刻，最重要的是，通过碱基互补配对原理，它让人们了解了遗传机制的关键。任何一个见到该模型的人，无疑都会重复沃森与克里克激动的话语"如此漂亮的结构必须存在"！

② 启示

■ 挑战权威才能创新

在科学界经常遇到的是年轻人对权威无原则地屈服，甚至沃森在得知鲍

① 威尔金斯的同事，一位女晶体学家富兰克林（Rosalind Franklin）在其中扮演了重要角色。事实上，是她成功地拍摄了 DNA 晶体的 X 射线衍射照片。后来，威尔金斯在富兰克林不知情的情况下把这那张照片拿给沃森和克里克看了，从而给了他们关键性的启发。这三位男性获得了 1962 年诺贝尔生理学或医学奖，而富兰克林则已经在 1958 年因为卵巢癌而去世。为她鸣不平的大有人在，尤其是有人质疑威尔金斯获奖的公正性。

林提出的是三螺旋模型的一刹那，也曾后悔几个月前放弃了自己按三螺旋思路进行的工作。不过两位年轻科学家并没有盲目迷信，而是最终选择了向权威挑战，这需要勇气，更需要严肃认真的实验工作和深厚的科学功底。他们为了赢得时间，加快了工作。因为他们相信这是鲍林的智者千虑之一失，很快本人就会发现错误并迅速得出正确结论。事实证明，他们的大胆取得了回报。

■ 跨界往往通向创新

推断出 DNA 是双螺旋结构的，不是生物学家，而是一群物理学家和化学家。威尔金斯虽然在 1950 年最早研究 DNA 的晶体结构，当时却对 DNA 究竟在细胞中干什么一无所知，在 1951 年才觉得 DNA 可能参与了核蛋白所控制的遗传。富兰克林也不了解 DNA 在生物细胞中的重要性。作为一个化学家，鲍林研究 DNA 分子则纯属偶然——他在 1951 年 11 月的《美国化学学会杂志》上看到一篇核酸结构的论文，觉得荒唐可笑，为了反驳这篇论文，才着手建立 DNA 分子模型。克里克从事的是蛋白和多肽的 X 射线晶体衍射研究。外加唯一一个遗传学家，当时年仅 23 岁的沃森。正是由于学科交叉，这些科学家才有可能破解 DNA 双螺旋结构的密码。

■ 学术交流推动创新

在探索 DNA 分子结构的开始，卡文迪许实验室的沃森和克里克远远地落后于他们的竞争者——伦敦皇家学院的富兰克林和威尔金斯。然而，伦敦皇家学院研究小组由于成员之间的沟通不畅，无法有效地工作。富兰克林开始负责实验室的 DNA 项目时，有好几个月没有人干活。威尔金斯不喜欢她进入自己的研究领域，但他在研究上却又离不开她。威尔金斯把富兰克林看做搞技术的副手，后者却认为自己与前者地位同等，两人的私交恶劣到几乎不讲话。在那时，对女科学家的歧视处处存在，女性甚至不被准许在高级休息室里用午餐。她们无形中被排除在科学家间的联系网络之外，而这种联系对了解新的研究动态、交换新理念、触发灵感极为重要。

与此相对的，早在 20 世纪初，卡文迪许实验室就形成了一个"茶歇"（tea break）的习惯，每天上午和下午，都有一个聚在一起喝茶的时间，有时是海阔天空的议论，有时是为某个具体实验设计的争论，不分长幼，不论地位，彼此可以毫无顾忌地展开辩论和批评。这种不拘一格、学科交叉的氛围确实有利于学术进步，所以这种习惯已经被国外许多大学和研究机构仿效，在国际学术会议的日程安排中，茶歇这个环节也已经成为通行的惯例。

3 深远的影响

■ 医学和医药

DNA 双螺旋结构模型的提出，引发了今天以基因工程为核心的生物技术。1977 年，美国科学家第一次用大肠杆菌生产出人脑激素——生长激素释放抑制素。这是基因工程研究的首次重大突破。自此以后，仅美国批准的上市治疗疑难病（包括遗传病、心血管系统疾病、免疫系统疾病、肿瘤及传染病等）的基因工程药品就超过 120 种，有近 400 多种处于各期临床研究阶段，约 3000 多种处于临床前研究开发阶段，2000 年产值和销售额已超过 200 亿美元。

DNA 双螺旋结构模型的提出，使基因疗法成为可能，为目前尚无理想治疗手段的遗传病、恶性肿瘤、心血管病、传染病等的治疗展示了广阔的前景。

在 DNA 双螺旋结构模型的基础上，"人类基因组计划"于 1990 年开始实施。2000 年 6 月 26 日，参加"人类基因组计划"工作的 6 个国家共同发表声明，完成了人类基因组计划的 DNA 框架图。凭着这张人体细胞 DNA 中所有碱基排列顺序的地图，医学有可能实现"先知先卜"。当一个人还没有症状时，通过 DNA 检测就能知道他未来会不会患心脏病、老年痴呆症、癌症等，从而可以提前预防，杜绝疾病的发生。在进行"人类基因测序"工程的同时，科学家们也正在进行人类功能基因组研究，也就是对人类基因的功能进行深入研究，这将对人类的健康保障和医药产业产生更深远的影响。

■ 农业

基于对 DNA、基因、遗传学方面的认识不断加深，转基因技术在植物品种改良的研究方面取得了巨大的进展，包括以下几个方面：抗除草剂、抗病毒、抗虫、抗细菌、抗真菌的转基因植物已进入大田试验，有的已推广；对抗盐、碱、抗寒、抗旱、抗涝的转基因植物研究已初见成效，有的已进入大田试验；在研究农作物蛋白质、脂肪、淀粉含量和品质改良方面的转基因植物有的已告成功，有的已进入大田试验；延缓成熟、耐储藏、能保鲜的转基因番茄已商品化；改变纤维颜色的转基因棉花的研究有的已获成功；等等。[①]

---

① 张树庸 .DNA 双螺旋结构模型对人类社会的影响 [J]. 实验动物科学与管理，2003，20（3）：33-36.

但是，转基因研究和转基因产业在全球范围内引起的广泛争议表明，相当多的人对这一领域的潜在问题和巨大风险仍然保持清醒。在进一步的研究揭示更多情况之前，保持谨慎或许是对人类自身更加负责的一种态度。

■ 工业

利用基因工程的方法构建工程菌，可以对工厂排出的废水、废料和残渣进行净化处理，一方面可以治理环境，另一方面也可以获取食用和饲料用的单细胞蛋白。

微生物发酵法可以生产许多化工原料，如乙醇、丁醇、乙酸、乳酸、柠檬酸、苹果酸等。用转基因的方法构建工程菌，可以大大改进产品质量并提高产量等。

利用转基因的方法构建工程菌可以生产制造塑料的原料——聚羟基丁酸，这种产品可以被微生物分解，从而消除白色污染，没有毒害。

利用基因工程的方法，还能为缓解能源危机带来新的机遇。地球上的化石燃料终将枯竭，代之而起的是生物能。微生物发酵法用甘蔗、木薯粉、玉米渣等生产酒精。科学家还在研究通过转基因的方法创造多功能的超级工程菌，使之分解纤维素和木质素，以便利用稻草、木屑、植物秸秆、食物的下脚料等生产酒精。

■ 总结

可见，DNA 双螺旋结构的发现，对医学和医药、农业、工业的发展产生了巨大的影响，大量的病人得以治愈，更多更优良的农作物（粮食、蔬菜、水果、经济作物等）得以生产，更多更好的工业产品得以制造。巨大的经济效益和社会效益，使这一发现毫无争议地成为人类科学史上一大重要的创新。

二、技术创新：飞机的发明

1903 年 12 月 17 日，威尔伯·莱特（Wilbur Wright）和奥维尔·莱特（Orville Wright）兄弟二人先后驾驶他们自己设计的"飞行者一号"飞机，成功地升空飞行。这一天，他们的最好成绩是留空 59 秒，飞行距离 260 米。他们成功地实现了人类第一次载人动力飞行。飞机是 20 世纪最伟大的发明之一。经过 100 多年的努力，民用航空、通用航空和军用航空等领域都得到了高度的发展，对社会、经济、科技、文化和军事等领域，都产生了巨大而深远的影响。

1 过程

两千多年前中国人就已发明了风筝。19世纪末，滑翔机和蒸汽机都已经成熟，许多先驱者开始研究动力飞行。

威尔伯·莱特和奥维尔·莱特兄弟俩自幼喜欢机械，喜欢航空。1896年8月9日，两兄弟听到德国航空先驱李林塔尔（Otto Lilienthal）在一次滑翔飞行中不幸遇难的消息，受到极大的刺激和感动。与此同时，熟悉机械装置的莱特兄弟认定，人类进行动力飞行的基础实际上已经足够成熟，李林塔尔的问题在于他还没有来得及发现操纵飞机的诀窍。于是，莱特兄弟满怀激情地投入了对动力飞行的钻研。

这时候，莱特兄弟开着一家自行车商店。他们一边干活挣钱，一边研究飞行资料。3年后，他们掌握了大量有关航空方面的知识，决定仿制一架滑翔机。他们首先观察老鹰在空中飞行的动作，为此，他们常常仰面朝天躺在地上，一连几个小时仔细观察鹰在空中的飞行，研究和思索它们起飞、升降和盘旋的机理。然后一张又一张地画下来，之后才着手设计滑翔机。

1900年10月，莱特兄弟终于制成了他们的第一架滑翔机，并把它带到吉蒂霍克海边，这里十分偏僻，周围既没有树木也没有民房，而且这里风力很大，非常适宜放飞滑翔机。兄弟俩用了一个星期的时间，把滑翔机装好，先把它系上绳索，像风筝那样放飞，结果成功了。然后威尔伯坐上去进行试验，虽然飞了起来，但只有1米多高。第二年，兄弟俩在上次制作的基础上，经过多次改进，又制成了一架滑翔机。这年秋天，他们又来到吉蒂霍克海边，一试验，飞行高度一下达到180米。

他们非常高兴，但并不满足。他们在想：能否制造一种不用风力也能飞行的机器？兄弟俩反复思考，把有关飞行的资料集中起来，反复研究，始终想不到用什么动力，把庞大的滑翔机和人运到空中。有一天，车行门前停了一辆汽车，司机向他们借一把工具，来修理一下汽车的发动机。弟兄俩灵机一动，开始思考能不能用汽车的发动机来推动飞行。从这以后，弟兄俩围绕发动机动开了脑筋。他们首先测出滑翔机的最大运载能力是90千克，于是，他们向工厂定制一个重量不超过90千克的发动机。但当时最轻的发动

机是 190 千克，工厂无法制造出这么轻的发动机。在机械师泰勒（Charles
Taylor）的帮助下，莱特兄弟动手制造了一台功率约 12 马力、重 77.2 千克
的活塞式 4 缸直列式水冷发动机。他们还制作了螺旋桨，并将带螺旋桨和发
动机的飞机模型，放到自制风洞中进行了模拟测试。他们很快便着手研究怎
样利用发动机来推动滑翔机飞行。经过无数次的试验，他们终于在滑翔机上
安装了螺旋桨，由发动机来推动螺旋桨旋转，带动滑翔机飞行。

又经过多次试验，反复思考，严格检查，借鉴他人的经验教训，莱特兄
弟已经到了成功的边缘。1903 年 12 月 17 日，莱特兄弟带着他们装有发动
机的飞机再次来到吉蒂霍克海边试飞。10 时 35 分，一切准备就绪。为了能
够率先登机试飞，兄弟俩决定以掷硬币的方式确定谁先登机，结果弟弟奥维
尔赢了。奥维尔爬上"飞行者 1 号"的下机翼，俯卧于操纵杆后面的位置上，
手中紧紧握着木制操纵杆，威尔伯则开动发动机并推动它滑行。在飞机达到
一定速度后，威尔伯松开手，飞机像小鸟一样离地飞上了天空。虽然"飞行
者 1 号"飞得很不平稳，但是它毕竟在空中飞行了 12 秒共 36.5 米，才落在
沙滩上。接着，他们又轮换着进行了 3 次飞行。在当天的最后一次飞行中，
威尔伯在 30 千米 / 秒的风速下，用 59 秒的时间，飞行了 260 米。人们梦寐
以求的载人空中持续动力飞行终于成功。人类动力航空史就此拉开了帷幕。

2 启示

■ 继承他人的研究成果 [①]

李林塔尔在 1896 年试飞中不幸遇难逝世的消息，促使莱特兄弟开始关
注航空和飞行的问题。在头两三年，他们主要是进行一些航空入门，阅读有
关书籍以加深对于航空的了解。此时，他们的航空研究仍属于业余状态，并
没有立志进行飞机研究。

在他们开始认真对待飞行问题后，就感到不那么简单，问题成堆。但他
们不是闭门造车，自己闷头研究，而是首先求助科研机构。1899 年 5 月，
威尔伯·莱特给著名的科学机构史密斯研究院写信求助，向他们索取与航空
有关的资料。研究院给他们提供了一份清单，其中有查纽特的《飞行机器的
发展》、兰利的《空气动力学试验》、李林塔尔的《作为航空基础的鸟类飞

---

① 刘家冈，李俊清，王本楠. 莱特兄弟发明飞机成功的创造学启示 [J]. 物理与工程，2012，
22（4）：37-40.

行》以及 1895 年、1896 年和 1897 年的《航空年鉴》。在仔细地阅读了这些文献之后，他们"惊奇地发现，在人的飞行问题上，已经花费了大量时间和金钱，而且有那么多杰出的科学家和发明家都在这方面进行过研究，包括达·芬奇、乔治·凯利博士、兰利教授、贝尔博士（电话发明人）、马克辛（机枪发明者）、查纽特、帕察斯（蒸汽涡轮发明者）、托马斯·爱迪生、李林塔尔、阿尔代、菲利普斯先生和许多其他人。"这些文献对他们帮助最大的是《航空年鉴》和《飞行机器的发展》。

看过这些资料之后，他们深深感到自己原来对航空知识的了解竟然是那样的少。通过研究这些资料，他们获得了重大教益。一是学到了许多基本的、系统的航空知识，特别是设计飞机所必须的基本部件和空气动力学知识，这使他们从一开始就有了较高的起点，避免了走很多的弯路；二是他们认识到飞机研制面临的重重困难，认识到前人存在的不足从而想到飞机研制应该采取正确的方法。

当时，一位名叫兰莱的发明家，受美国政府的委托，制造了一架带有汽油发动机的飞机，在试飞中坠入大海。莱特兄弟得知这个消息，便前去调查，并从兰莱的失败中吸取了教训，获得了很多经验，他们对飞机的每一部件进行了严格的检查，制定了严格的操作规定。

这是莱特兄弟与其他飞机研究者的不同之处。在他们之前，制造动力飞机的人很多，但很少有人认真研究并充分吸取前人或同时代人失败的教训。

■ 强调观察和实验的重要性

莱特兄弟对鸟类的飞行进行了大量观察。他们常常仰面朝天躺在地上，一连几个小时仔细观察鹰在空中的飞行，研究和思索它们起飞、升降和盘旋的机理。当年他们提出的许多新颖想法，都在以后的航空工业中得到了应用。例如，他们发现鸽子的翼尖沿着一个横向轴摆动，这样就可以控制它的横向平衡。莱特兄弟把这种方法成功地用于飞机设计上，就是所谓"翼尖曲翘"的控制方法。为了研究飞机的稳定控制性，1899 年莱特兄弟首先制作了一个 1.5 米宽的滑翔机，实际上有点像一只大风筝。目的是试验证明他们发现的保持平衡的翼尖曲翘方法的有效性。试验结果是肯定的，这给予他们极大的信心。

于是在 1900—1902 年间，莱特兄弟又先后制作了 3 架试验用的全尺寸滑翔机。用它们进行了无数次试验飞行，分别对展弦比、翼面积、翼面弯曲度进行了调整，对水平安定面和垂直安定面进行了改装，使滑翔机的稳定性和操控性得到很大改善，升力也得到较大提高。在经历了多次失败和挫折后，到1902年9月末，用第3号滑翔机试飞，威尔伯·莱特的最好成绩达到26秒内滑翔190米，奥威尔·莱特的最好成绩达到21秒内滑翔188米。这个巨大的成功使得莱特兄弟极度兴奋，他们感到给飞机加装发动机的时机到了，决定向动力飞行进行最后的冲刺。

在此期间，为了获得设计飞机所需要的可靠的数据，莱特兄弟还进行了多次空气动力学的实验。特别值得一提的是，他们自制了一个小型的风洞，风扇功率1.5kW，长约1.5m，口径56cm×56cm，风速27km/h。他们用它进行了几千次实验，研究了200多种不同翼型，获得了大量数据，为他们以后的成功打下了坚实的基础。

在他们的动力飞机"飞行者1号"试飞取得具有巨大历史意义的成功后，莱特兄弟并没有满足，他们又设计制造了"飞行者2号"和"飞行者3号"，反复试验，不断改进飞机的性能，克服了快速转弯时的失速、失控的问题，使之能够做转弯和圆周飞行、倾斜飞行、8字飞行、重复起降。到1904年10月5日，飞行者3号的最好纪录是在38分2秒内飞行了38.6km。飞行者3号被看作世界上第一架实用动力飞机。

可以说，没有这些试验和实验，就没有莱特兄弟设计制造飞机的伟大成功。

3 影响

■ 20世纪初

莱特兄弟在实现飞机发展的突破后，于1908年创建了世界第一家飞机制造企业——莱特飞机公司，并获得美国陆军订货，这标志着航空工业的诞生。紧随莱特飞机公司之后，美国和欧洲迅速出现了其他一些飞机制造企业。在这一时期，这些企业的规模一般都比较小，近似于作坊。很多企业和个人在世界飞机制造业发展进程中发挥了重要作用。有些企业发展延续到现在，如洛克希德公司和罗罗公司等；有些企业是经过整合后发展，如布雷盖公司和英国的几家飞机公司；也有很多企业消失。

第一次世界大战使航空工业实现第一次大发展。全世界的企业数量达到约200家，航空发动机厂80家，战争期间生产的飞机和发动机数量分别为

20多万架和23万多台。在飞机发展方面，欧洲企业领先于美国，"一战"中的优秀作战飞机多是欧洲企业的产品。"一战"时期美国军用飞机发展相对滞后的原因主要是美国不是主要参战国，不像参战的欧洲国家那样全力发展军用飞机。还有一个原因是莱特兄弟提起飞机专利诉讼，阻碍了美国寇蒂斯等其他航空先驱的飞机产业发展。尽管欧洲个别企业也受此影响，但影响相对较小。

由于对航空意义和价值认识的不断提升，应用领域不断拓展，人们将更多的创造力和资源投入飞机制造和航空产业发展。材料与工艺、飞机发动机、导航仪表与操纵系统、仿真训练设备等技术发明与创新不断取得进展。第二次世界大战中，交战双方为制空权进行了激烈竞争，更刺激了航空技术与飞机制造产业的快速发展。至第二次世界大战结束，飞机发动机功率已从不到10 kW增加到2500 kW，最大平飞时速已近800 km/h，俯冲速度已近音速。[①]

■ 飞机制造业的战略地位

自从飞机发明后，日益成为当代不可或缺的运载工具，改变和促进了人类文明进程。飞机制造业是国家战略性产业，对国家军事安全有重大影响，对经济和科技发展有重大推动作用，配装航空武器系统的空中力量对战争胜负具有关键性甚至决定性的作用。在民用领域，航空运输是目前最快捷、最高效的交通运输系统，随着经济全球化的进一步深入以及社会进步和技术发展，航空运输将有更大的扩展空间。军民用飞机的市场需求巨大，其价值和附加值极高，对经济发展有着重大贡献。而且航空科技高度复杂，其发展能够有力推动相关科技的发展和突破。[②]

因此，尽管飞机制造业已有百年的发展历史，其地位和作用不但没有减弱，反而不断提升，未来前景更加广阔。

■ 飞机制造业的规模

目前，美国飞机制造业直接从业人员40万～45万人，年产值2500亿～3000亿美元。欧盟27国飞机制造业直接从业人员35万～40万人，年产值2000亿～2500亿美元。加拿大飞机制造业直接从业人员约8万人，年产值约300亿美元。日本飞机制造业直接从业人员约3万人，年产值约

---

① 路甬祥. 从航空航天先驱得到的感悟 [J]. 科技导报，2014，32（11）：15-20.
② 赵长辉，段洪伟. 从莱特兄弟突破到跨国整合：飞机制造业百年简史 [J]. 中国工业评论，2015，（8）：94-103.

120 亿美元。巴西飞机制造业直接从业人员约 3 万人，年产值约 100 亿美元。中国飞机制造业直接从业人员约 40 万人，年产值约 400 亿美元。

三、产业创新：福特公司的T型车

福特公司的 T 型车是世界上第一条流水线上装配而成的汽车。福特通过改变生产方式，提高 T 型车产量，从而使价格不断降低成为了现实。全新的 T 型车被称为"便宜小汽车"，走入寻常百姓家，获得了前所未有的销售量。从此以后，人类的生活方式和思维方式发生了天翻地覆的变化，汽车时代到来了。称 T 型车为 20 世纪最重要的汽车产业创新毫不为过。

1 过程

19 世纪末 20 世纪初，内燃机已经被发明与使用，并成功运用在汽车上。圆转炉提高了铸铁的效率，之后，更加先进的平炉炼钢工艺迅速成为美国钢铁生产的主要方法。把铁矿石炼成钢铁的鼓风炉越造越大，1860 年每周只能生产 100 吨，到第一次世界大战时的日产量已达到 1000 吨。1900 年随着美国南部石油油田不断发现，石油产量取得很大的提升，从而其价格大幅度降低，大部分工业和家庭开始选择石油作为其动力和取暖原料，使用石油成为众多交通工具的动力选择。20 世纪初，美国一跃成为全球最大的经济体。1900 年，美国的人均收入比英国多 100 美元，是法国的近 2 倍，是日本的近 10 倍。国民收入远高于其他国家，实现了国家富裕，大众富裕。购买汽车成为美国民众潜在的主要消费方式。

1895 年，杜里埃兄弟建立了美国第一家制造汽油引擎的汽车工厂。然而，直到 20 世纪初，汽车仍然停留在奢侈品的层面，只有富人买得起。

亨利·福特（Henry Ford）发誓要"制造一辆为大众服务的汽车"。在威尔斯（Childe Harold Wills）的协助下，1908 年 3 月，福特终于成功地推出了设计简洁、价格低廉、耗油量小的 T 型车。T 型车是一种简化了的厢式小轿车，全部黑色。T 型车的推出，迅速打开了市场，在其持续的 20 年里，外观没有太大变化。1913 年，T 型车的销量达到 168 220 辆，供不应求。新的生产方式势在必行。

从 1913 年年初开始，福特汽车公司摒弃了旧式的静态组装法，首创一种动态的生产组织方式：在工厂上部完成各个零件的加工制造之后，通过传送机、管道等方式，运送到下部的各个楼层的生产车间。这些零部件及所有的必需品，全部提前堆放在沿线选定的位置上。将汽车车身和底盘一排60个依次摆开，分别安放在"木马"上，"木马"被放在传送轨道或传送带上，由卷扬机钢索缓缓牵动。受过训练的组装工，每个人只需完成一项简单的任务，随工件移动，时而行走，时而"乘坐"，按程序进行整车的装配。而汽车零部件则按领班和管理人员控制的速度送给工人。这就是如今尽人皆知的"流水线"。在当时，这可是独树一帜。

福特聘请了当时最著名的建筑设计师艾伯特·卡恩，专门设计并建造了高地公园（High-land Park）工厂。经过不断地试错，1913年8月，"流水线"大批量生产方式正式投入运行。装配一辆T型车整车所耗费的时间就从原来的约12.5小时缩短为5小时，1925年10月又降至惊人的10秒钟。流水线生产方式使福特公司的汽车产量从1908年的6 158辆猛增到1917年的815 931辆，10年间增长130倍。

每辆T型车的成本和售价也相应地大幅下降，售价从1910年的780美元，降至次年的690美元，到1914年已降至360美元。1923年，一辆T型车售价降到了265美元。这个价格已经够低的了，已经在很多人的购买力之内。

然而，福特还不满足。1914年，他把自己工人的薪酬提高了一倍，在福特公司实行5美元/日的工资制。这在很广的范围内带动了一次加薪风潮。与此同时，另外一个效果显现出来——想想看，只要花费3～4个月的工资，就可以买一辆全新的T型车！事实上，相当大的一部分增发的薪酬，又以购买T型车的方式，回到了福特的腰包。狡猾的福特用这一招"欲擒故纵"，为汽车的大众消费运动起了推波助澜的作用。T型车真正做到了走入寻常百姓家。

1921年，T型车产量已占到世界汽车产量的一半以上。从1908年第一辆T型车面世到1927年停产，T型车的销售数量多达1500万辆。福特流水线成为标准化产品的机械化生产的代名词。

② 启示

■ 个性决定创新

在创新的研究中，创新者的个性往往被忽视了。然而，创新在很大程度上是一种创新者的心理活动，是个性的结果。在 T 型车的创新过程中，福特的个性扮演了重要角色。甚至可以说 T 型车的创新在一定意义上就是福特个性的体现。福特的个性表现在节俭、朴素、实用、大众化等方面。他生于农家，长期做工，具有百分之百的当时普通人的价值观念。恰恰是这种价值观孕育出了福特颇合时宜的汽车创新理念。这就是汽车要造得"更多、更好、更便宜"。福特曾不止一次表述他的这一理念："我将为广大的民众生产汽车。它将大得足以供家庭使用，同时又小得足以让一个人驾驶和保管。它将用最好的材料制造，由最好的工人制造，根据现代机械能提供的最简单的设计制造……但它的价格将如此低廉，让任何一个有一份好工作的人都能拥有一辆，并和他的家庭在上帝展示的巨大空间里享受美好的时光。"最终，他造出了"让农夫们不再存有戒心的车子（就在几年前，乡下人还会设置路障，不让汽车通过）"。他还建立了一个遍布各地的经销商网络，"让即使边远地区的美国人也能像买双雨靴那样容易地买到 T 型车"。

个性决定创新的例子，在产业界一而再再而三地出现。在中国，史玉柱的巨人王朝、马云的阿里帝国都是他们个人性格的外在体现。在外国，百年老店的诞生也往往和创始人的性格息息相关。对此，我们不能不对产业革命中的典型人物的性格进行深入研究，以更加准确地揭示这一过程中创新活动的内涵。

■ 产业创新需要突破性思维

在产业层面的创新，需要原始思维模式的突破性，这往往需要在原理、技术、方法等某个或多个方面实现重大变革。当其他厂家依然靠手工生产汽车时，福特创造性地将"流水线"的概念付诸实施，改革了工业生产方式。他用动态模式取代了静态模式，把连续生产和自动化、专业化生产集中在一起，形成流水线的装配作业。这既降低了成本，也推动了汽车产业的进步，美国进入了汽车普及时代。

3 影响

■ 工业生产方式的变革

流水线装配模式被称为"福特生产方式"或"福特主义"。流水线装配模式的方法对美国乃至全世界的商业规范产生了地震般的冲击，迅速席卷了工业化世界。T 型车为汽车工业的技术发展选定了模式。福特让汽车从"贵族"变成了"平民",这是制造业中的伟大变革,是从手工作坊工业向机器工业迈进过程中关键的一步。"福特制"的汽车生产模式不仅给公司自身创造出了滚滚利润,更重要的是为年幼的工业经济开辟了一条大规模生产的新路,改变了整个社会的经济结构和产业形态。美国借助于汽车产业的技术创新,开始建立现代化的工业大生产方式,并在最短的时间内把最新的科学技术转变为关联产业广、工业技术波及范围大的综合性工业,同时又在生产过程中不断创新、发明和改进。

■ 汽车市场的大众化需求觉醒

T型车成了真正的大众消费品。[①] 在对经济结构和产业形态带来重大变革的影响上,福特汽车公司创造了一个巨大的永久性汽车市场,带动了全球汽车产业的发展。1999年第11期《财富》评选亨利·福特为"世纪商业巨人",并称"他是我们所见到的最伟大的企业家。他创造了一个巨大的市场,并且知道如何满足这个市场的需求。"福特公司直接造就了千千万万的有车阶级,促进了美国中产阶层数量的不断膨胀。他创造了一个大众消费的社会,这在当时还是一个全新的观念,而在今天,已经成为美国经济的一个突出特点。

四、文化创新

文艺复兴是发生在公元14世纪到16世纪、起源于意大利、后来遍及欧洲的一次重大的新文化运动。在这一时期,欧洲的古典学术得以复兴,文学、哲学、艺术等领域再一次达到难以企及的高峰,并创造出令人惊叹的成就。与此同时,欧洲的生活水平得到大幅提升,教育得到重大的发展,自然科学也产生巨大的进步。

1 过程

西欧的中世纪是个特别黑暗的时代。天主教教会成为当时封建社会的精神支柱,它建立了一套严格的等级制度,把上帝当作绝对的权威。什么文学、什么艺术、什么哲学,一切都得按照基督教的经典《圣经》的教义,谁都不可违背,否则,宗教法庭就要对他制裁,甚至处以极刑。在教会的管制下,

---

① 曹东溟,关士续.美国汽车产业技术创新史上的三个案例 [J].科学技术与辩证法,2005, 22(2):105-108.

中世纪的文学艺术死气沉沉，万马齐喑，科学技术也没有什么进展。黑死病在欧洲的蔓延，加剧了人们心中的恐慌，使得人们开始怀疑宗教神学的绝对权威。

在中世纪的后期，资本主义萌芽在多种条件的促生下，于欧洲的意大利首先出现。资本主义萌芽的出现为思想运动的兴起提供了可能。城市经济的繁荣，使事业成功、财富巨大的富商、作坊主和银行家等更加相信个人的价值和力量，更加充满创新进取、冒险求胜的精神，多才多艺、高雅博学之士受到人们的普遍尊重。这为文艺复兴的发生提供了深厚的物质基础和适宜的社会环境。人们开始追求文学艺术的繁荣昌盛。

14世纪末，由于信仰伊斯兰教的奥斯曼帝国的入侵，东罗马的许多学者带着大批的古希腊和古罗马的艺术珍品和文学、历史、哲学等书籍，纷纷逃往西欧避难。后来，一些东罗马的学者在意大利的佛罗伦萨办了一所叫"希腊学院"的学校，讲授希腊辉煌的历史文明和文化等。这种辉煌的成绩与资本主义萌芽产生后人们追求的精神境界是一致的。在古希腊和古罗马，文学艺术的成就很高，人们也可以自由地发表各种学术思想，这与黑暗的中世纪形成了鲜明的对比。于是，许多西欧的学者要求恢复古希腊和古罗马的文化和艺术。这种要求就像春风，慢慢吹遍整个西欧。文艺复兴运动由此在各个领域兴起。

在文学领域，各地的作家都开始使用自己的方言而非拉丁语进行文学创作，带动了大众文学，各种语言注入大量文学作品，包括小说、诗歌、散文、民谣和戏剧等。在意大利，文艺复兴前期出现了"文坛三杰"。但丁一生写下了许多学术著作和诗歌，其中最著名的是《新生》和《神曲》。彼特拉克是人文主义的鼻祖，被誉为"人文主义之父"。他第一个发出复兴古典文化的号召，提出以"人学"反对"神学"。彼特拉克主要创作了许多优美的诗篇，代表作是抒情十四行诗诗集《歌集》。薄伽丘是意大利民族文学的奠基者，短篇小说集《十日谈》是他的代表作。在法国，文艺复兴运动明显地形成两派，一是以"七星诗社"为代表的贵族派，二是以拉伯雷为代表的民主派。拉伯雷是继薄伽丘之后杰出的人文主义作家，他用20年时间创作的《巨人传》是一部现实与幻想交织的现实主义作品，在欧洲文学史和教育史上占有重要地位。在英国，代表人物有托马斯·莫尔和莎士比亚。托马斯·莫尔是著名的人文主义思想家，也是空想社会主义的奠基人。1516年他用拉丁文写成的《乌托邦》是空想社会主义的第一部作品。莎士比亚是天才的戏剧家和诗人，他同荷马、但丁、歌德一起，被誉为欧洲划时代的四大作家。他的作品结构完整，情节生动，语言丰富精练，人物个性突出，集中地代表了文艺复兴时期文学的最高成就，对欧洲现实主义文学的发展有深远的影响。在西班牙，最杰出的代表人物是塞万提斯和维加。塞万提斯是现实主义作家、戏剧家和诗人。他创作了大量的诗歌、戏剧和小说，其中以长篇讽刺小说《堂吉诃德》最著名，它对欧洲文学的发展产生了重大影响。

达·芬奇是意大利文艺复兴时期的一位多项领域博学者，他同时是建筑师、解剖学者、艺术家、工程师、数学家、发明家，他无穷的好奇与创意使得他成为文艺复兴时期典型的艺术家，而且也是历史上最著名的画家之一。同时，他也是意大利文艺复兴时期最负盛名的美术家、雕塑家、地理学家、科学家、文艺理论家、大哲学家、诗人、音乐家和发明家。正因为他是一个全才，所以他也被称为"文艺复兴时期最完美的代表人物"。壁画《最后的晚餐》、祭坛画《岩间圣母》和肖像画《蒙娜丽莎》是他在绘画领域的三大杰作。此外，米开朗琪罗的《创世记》和《末日审判》也是杰出的代表。

基于对中世纪神权至上的批判和对人道主义的肯定，建筑师希望借助古典的比例来重新塑造理想中古典社会的协调秩序。所以，一般而言，文艺复兴的建筑是讲究秩序和比例的，拥有严谨的立面和平面构图以及从古典建筑中继承下来的柱式系统。作为其中的杰出代表，米开朗琪罗并不是一个专业的建筑师，而是一个伟大的雕塑家。而正因为这一点，他避免了过分纠缠于比例之中的弊端，而从一个雕塑家独特的三维视角来提炼建筑。他利用各种手法，比如破坏均衡，或者是利用狭长的走道或者柱廊，来达到一种感动人心的建筑效果，而对于是否符合严格的古典比例却不是很在意。例如，用于圣彼得大教堂的巨柱，便是他将普通柱式拔高几倍而得到的。此外，他的《哀悼基督》和《大卫》也是举世闻名的雕塑作品。

在其他的领域，复兴运动也在广泛地发生。

在天文学领域，波兰天文学家哥白尼出版了《天体运行论》，在其中提出了与托勒密的地心说体系不同的日心说体系。意大利思想家布鲁诺在《论无限性、宇宙和诸世界》《论原因、本原和统一》等书中宣称，宇宙在空间与时间上都是无限的，太阳只是太阳系而非宇宙的中心。伽利略发明了天文望远镜，出版了《星界信使》《关于托勒密和哥白尼两大世界体系的对话》。德国天文学家开普勒通过对其老师、丹麦天文学家第谷的观测数据的研究，在《新天文学》和《世界的和谐》中提出了行星运动的三大定律，判定行星绕太阳运转是沿着椭圆形轨道进行的，而且这样的运动是不等速的。

代数学在文艺复兴时期也取得了重要发展。意大利人卡尔达诺在他的著作《大术》中发表了三次方程的求根公式，但这一公式的发现实应归功于另一学者塔尔塔利亚。四次方程的解法由卡尔达诺的学生费拉里发现，在《大术》中也有记载。三角学在文艺复兴时期也获得了较大的发展。

在物理学方面，伽利略通过多次实验，发现了落体、抛物体和振摆三大定律，使人对宇宙有了新的认识。他的学生托里切利经过实验证明了空气压力，发明了水银柱气压计。法国科学家帕斯卡发现了液体和气体中压力的传播定律。英国科学家波义耳发现了气体压力定律。

此外，在生理学、医学、地理学、印刷术等领域，欧洲都取得了长足的进步。

❷ 启示

■ 创新必须要有传承

文艺复兴所取得的成就是建立在对古希腊、古罗马文化的继承和发扬的基础上的。正如牛顿所说："如果说我看得更远一点的话，那是因为我站在巨人肩膀上的缘故。"任何创新，都需要继承前人的成果——这包括科学发现、技术进步、产业变革、制度革新，当然，也包括文化艺术领域的进步。

人类已经有超过五千年的文明史，不论是东方的四大文明古国，还是西方的古希腊、古罗马、迦太基文明，以及美洲大陆的印加、玛雅、阿兹特克文明，都创造并积累了灿烂、丰富的文化。文艺复兴名义上倡导的是恢复古希腊、古罗马的荣光，可实际情况是，当时的资产阶级还没有自己的一套文化体系与教会抗衡，而古希腊、古罗马文化中的一些崇尚自由、理性的思想也被新兴资产阶级所认可，所以他们以复兴古希腊、古罗马文化为旗号，实际上宣扬资产阶级的文化主张，指出应以人为中心而不是以神为中心，肯定人的价值和尊严，倡导个性解放，反对愚昧迷信的神学思想。这就是以继承为基础的文化创新。其中，在绘画、雕塑、建筑、文学等人文社会科学领域，都产生了大量的延续性创新，甚至突破性创新。而在医学、生理学、地理学等自然科学领域，颠覆式创新更是层出不穷。

作为一次以复兴传统的名义进行创新的运动，文艺复兴并不是第一次，肯定也不是最后一次。然而，为什么要这样？为什么不能直截了当、旗帜鲜明地打出"文艺创新"甚至"文艺革命"的旗号？在人类的发展史上，我们总是能看到阻挡进步的力量——反对先进，反对民主，反对自由，甚至反对文明本身。很多时候，要想和这些力量硬碰硬、掰手腕是不明智的。最好的办法就是走迂回路线，以"回归传统"的名义，开展实质上的创新。这种办法本身也算是一种创新。

■ 文化领域的颠覆式创新更需要人的个体的创新思维

文化活动和其他领域的活动的一个重要区别在于，文化活动更多地依赖于从业者的个体脑力活动，跟创意紧密地结合起来。相比而言，科学、技术、产业、制度领域的创新活动更多地依赖物质资源的投入，例如仪器仪表、机械设备、工具方法、大规模流水线，等等。因此，文化领域的创新也就更依赖人的个体的创新思维，包括创造性思维、批判性思维、整合性思维。

在达·芬奇创造《蒙娜丽莎的微笑》的时候，那一抹神秘的笑容究竟从何而来？最初的灵感究竟是如何生成的？在历史上，从来没有一个绘画作品能给大众展示这么摄人心魄的微笑。这一创新的来源是什么？其过程又是怎样的？这种创新的基础——作者的神经活动——究竟是怎么样的？这一切问题，最终都指向创新者的个体思维。

牛顿提出万有引力定律，据说是由于坐在苹果树下，被一个熟透了的苹果掉下来砸到脑袋的缘故。这一说法究竟是否属实姑且不论，这个故事的内涵的确是引人深思的。创新者的灵感的来源，永远是值得研究的问题。

■ 创新需要百花齐放

在人类历史上，有过若干次的思想大碰撞、文化大发展的时代。在西方，古希腊时代见证了哲学思想的大跃进，文艺复兴时代见证了人文艺术以及自然科学的大发展；在东方，春秋战国时期也出现了诸子百家彼此诘难、相互争鸣的盛况空前的局面。越是在这样的多样化思想盛行、争论遍地开花的时期，思想的碰撞才越发地直击要害，才越有可能迸发出突破式创新的绚烂火花，包括亚里士多德的原始的唯物主义思想、达·芬奇的蒙娜丽莎的微笑，以及孔子的仁义礼智信。

3 影响

■ **构建了一种新文化** [1]

一场伟大的思想文化运动在思想领域里的重大意义，莫过于构建一种新的文化并促进当时社会的发展。文艺复兴是人类历史上文化领域从没有经历过的最伟大的、进步的创新。文艺复兴首次充分地展现了自我，其所提倡的"人"的因素构成了欧洲近代思想的基础。文艺复兴的仁人志士以各种文学艺术和科学研究的形式，赞美人生和世俗生活，主张放弃追求虚幻的天堂，蔑视来世主义和禁欲主义，以人道反对神道，以人性反对神性，进而推翻了中世纪神权与封建制度的权威，开始解除中世纪宗教或者上帝对个人绝对自由的约束，建设一种以个人主义为基准的追求理性、平等、自由的新文化，为现代意义的"人"的诞生提供了前提。

■ **促进了欧洲主要国家社会制度的转变**

在社会面临生存困境的大转折时期，能否正确地认识"人"直接关系到社会发展的方向。文艺复兴从人的角度出发来阐释政治信仰，为新兴的资产阶级革命提供了理论学说；提倡探索人和自然界的奥秘，追求科学真理，也为近代自然科学的大发展打下了坚实的基础；否定封建贵族特权，鄙视门第，讥讽和抨击教会僧侣的愚昧无知，实现了思想文化领域的伟大变革，为资产阶级登上政治舞台作了思想文化上的准备。欧洲主要国家的社会制度由封建主义转入资本主义时代，文艺复兴的启蒙精神在此前作出了不可估量的重大贡献。

■ **推动了社会生活方式的变革**

文艺复兴时期，意大利人摒弃了传统文化中那种克制己欲、希冀来世、崇信教会的生活观，树立起新的社会生活观念。他们蔑视教会，怀疑宗教说教，否认门资，重视教育，强调个性发展，肯定财富和职业成就，极力追求尘世的幸福。人们的生活方式和价值观念都经历了急剧的变革，这使得整个社会的风气、风尚、生活方式、个人行为举止有了很大的改变。一方面，城市生活呈现出一种充满活力的新风貌。城市居民对现世美好生活表现出了极大的热情，富裕的城市工商业者在城市政治生活与文化生活中发挥了主导作用，他们为了现世的利益和享乐而勤奋劳动着，而不是像中世纪那样为了灵

---

[1] 杨贺男，唐伟. 文艺复兴启蒙精神及其历史定位 [J]. 江西社会科学，2010，（7）：167-170.

魂的得救和来世的幸福才劳动。另一方面，文艺复兴时期的家庭生活发生了变化。教育从被压制转化成由权威来进行，婚姻观念被男子的个人成功奋斗和晚婚观念所取代。这一切都是在启蒙精神引领下表现出的社会生活的诸多崭新特性。人类的社会生活也由此进入了一个新纪元。

五、体制创新

1688 年，英格兰的资产阶级和新贵族迎立信奉新教的詹姆士二世长女玛丽和女婿威廉（William III）（奥伦治亲王）为英国的女王和国王。1689 年，英国议会通过具有重大影响的《权利法案》，实现了资产阶级和新贵族长期追求限制王权、议会至上的目标，使政权的重心在保留君主的表象下转向议会。这标志着英国确立了君主立宪的政体，实现了传统政体向现代政体的转变。这在当时深刻地影响了英国乃至世界的政治制度现代化发展趋势，是体制上的一大创新。

1 过程

英格兰的君主立宪制的建立有着非常深厚的政治、社会和经济背景。

西罗马帝国灭亡之后，整个西欧在很长一段时间里，频繁地遭到外族的入侵，"这个时候，人们会热烈希望出现一个平息天下的君主。"① 恩格斯曾说："在这种普遍混乱的状态中，王权是进步的因素。"② 英国王权就是在这种普遍混乱的状态中建立起来的。自诺曼征服以来，英王就一直保持对全体居民的直接权力和对地方的有效控制。特别是经历了中世纪的政府机构改革，王权得到极大的加强，国王在议会中占据主要地位。然而，随着资本主义的发展和资产阶级新贵族参政意识的增强，下院的独立意识逐渐加强，王权尽量限制议会，而议会则力图挣脱一切限制，议会与王权的斗争开始展开。

伊丽莎白统治晚期，王权已有衰落趋势。詹姆士一世（James I）即位后，不能容忍资产阶级的日益壮大和独立性的增强。但是詹姆斯一世却长期被财

① 基佐. 欧洲文明史 [M]. 北京：商务印书馆，199：52-53.
② 马克思恩格斯全集：21 卷 [M]. 北京：人民出版社，1965：453.

政问题所困扰，只能召开议会，要求批准增加新税。议员们无视国王的征税要求，着重讨论议会特权问题，批评国王的内外政策，导致詹姆斯一世两度解散议会。查理一世（Charles I）即位后，专制统治有增无减，屡次解散议会。议会为了维护自己的合法权益，于 1628 年向国王提出《权利请愿书》。为了换取议会拨款，查理一世被迫签署该法令。可是，1629 年他又下令解散议会。1640 年 4 月，为筹集军费对付苏格兰人民起义，查理一世再次召开了长期关闭的议会。但议会没有满足国王的要求，反而大肆抨击政府暴政，国王无奈在 5 月立即解散议会（史称"短期议会"）。随着苏格兰军队的再次进攻，英格兰军队的节节败退，查理一世进退维谷，在 1640 年 11 月重新召集议会（史称"长期议会"）。这一次，议会显示了空前的革命性，决议处死查理一世的两个宠臣，向国王公开挑战，王权受到严重的削弱。查理一世不甘心失去权力，率领卫队闯入下院，首先用武力对付议会。国王与议会的斗争开始诉诸武力。

随着议会与王权矛盾尖锐化，内战终于爆发。议会形成了三大派别：代表大资产阶级和大贵族利益的长老派，代表中等资产阶级和新贵族利益的独立派，以及代表城乡小资产阶级利益的平等派。内战初期，长老派控制了议会军的领导权，他们态度暧昧，希望能在国王做出让步的情况下与其言和，致使战场上议会军处处被动。议会军广大官兵对长老派妥协的态度极为愤慨，较为激进的独立派和平等派与长老派展开了一系列斗争。1645年，议会通过《自抑法》改组军队，组建"新模范军"，克伦威尔（Oliver Cromwell）拥有实际上的指挥权。通过纳斯比荒原战役打败了王党主力，取得了第一次内战的胜利。

第二次内战期间，长老派仍坚持同查理一世谈判，要他在接受条件后复位，士兵和下层人士对此强烈不满。通过"普莱德清洗"，克伦威尔控制了议会。在平等派的推动下，1649 年，克伦威尔采取了断然措施，把国王作为"暴君、叛徒、杀人犯和我国善良人民的敌人"送上断头台。之后，又宣布废除上院，实行一院制，以法律的形式宣告英吉利共和国的成立，旧的上层建筑被推翻，新的资产阶级上层建筑得以建立。

共和国建立后，克伦威尔自封为护国公，实行军事独裁，居于统治地位的独立派开始扼杀革命的发展。克伦威尔死后，英国各种势力处于对抗状态。各阶级阶层和利益集团围绕着王权的归属展开了激烈的斗争。资产阶级和新贵族渴望建立一个强有力的政权，遏制人民的斗争和保护他们既得的利益。在这种情形下，1660年，资产阶级和新贵族与国王达成了妥协——斯图亚特王朝复辟。重新上台的詹姆士二世非常反动，他不仅要恢复旧制度，并要恢复早为亨利八世抛弃了的天主教。

新贵族与资产阶级为了既除掉詹姆士二世，又避免一场新的群众斗争，便与部分封建土地所有者妥协，发动了1688年政变（即"光荣革命"），迎立詹姆士二世的女儿玛利及其丈夫、荷兰的执政奥伦治亲王威廉，实行双王统治，即玛利二世和威廉三世。随后，1689年议会通过《权利法案》，规定了议会的权力和国王的权限，如未经议会同意，国王不得任意下令废止法律，不得任意征税，不得任意招募军队、维持常备军等。可见，它对国王服从宪法、依法而治以及由资产阶级掌握立法权方面，规定是明确、完备而且系统的，毫无妥协的余地。在立宪制度下，君权被大大削弱。这样，终于确立了国会至上的原则，国王手中仅剩下了行政权，而且这种权力越来越多地交给日益完备的内阁。

这样，1688年的政变就在英国确立了有限制的君主制，威廉三世和玛利二世就成了英国历史上最早的立宪君主。王权逐渐受到议会的制约，议会高于王权的原则也逐渐得到了确立。

② 启示

■ 体制创新必须适应经济基础

英国革命最终以君主立宪制的确立而告终，是由当时的经济基础决定的，是合理选择的结果。英国资产阶级革命爆发前，资本主义生产关系已深入英国农村，商品经济有了很大发展。但是，不能过分夸大当时英国工业的发展水平。一般来说，在资本主义手工工场发展阶段和工业革命初期阶段，在经济上，资产阶级主要是剥削绝对剩余价值。那时还没有先进的技术及科学的管理制度。工人与资产阶级矛盾加剧，再加上资产阶级本身力量有限，因此，资产阶级在政治上倾向于立宪。也就是说，英国实行君主立宪制，是由当时的经济基础决定的。如果超越了这种经济基础，其选择结果是不会长久的。所以，英国政体几经反复，经历了共和政体、军事专制、王权复辟，最后确立了君主立宪制，其中共和制只存在了近十年便面临危机，其中的原因之一就是这种共和制缺乏足够的社会经济基础。旧式君主制和共和制失败之后，英国的政体沿着"否定之否定"的逻辑走向了君主立宪。

君主制的保留是由英国当时的客观实际决定的。君主立宪制符合 17 世纪英国的国情，代表了社会各阶层的利益，具有最好的经济基础。

■ 体制创新必须适应历史文化传统

君主立宪制在英国的确立，受民族心理二重性冲突的影响很大。英国的封建制度是"一切从头做起的"，是从盎格鲁 – 撒克逊的氏族公社制度直接过渡来的。早期国王都几乎仅是军事酋长，只是随着封建制度的确立，"部族的私人的王权才渐渐地发展成领域的系统的王权"。与法国不同，英国的法律基础不是古代的罗马法，而是日耳曼人的习惯法。习惯法是民众的惯例，要在法庭中宣布，并代代传下去。因此英国法律具有广泛的民众性。尽管盎格鲁 – 撒克逊时期诸王国也曾编定法典，但它不是由国王单独制定的，而是与贵族议会共同讨论制定的，或只是收集前人各种法律经讨论加以整理，然后颁布施行。这是英国"王在法下"或法律高于一切的根源和发端。威廉一世不得不入乡随俗，在 1066 年加冕礼中宣誓尊重英国的古老法律。后来的亨利二世注重法治，使英国人尊重法律，使法治观念深入人心。约翰王也被迫签署了"大宪章"，体现了英国习惯法的法治传统，君主与臣民都要受习惯法的约束。

与后来的法国资产阶级革命、美国的独立战争不同，英国国会从早期从属于王权，到后来限制、监督王权以致最后《权利法案》中议会高于王权的原则，经历了几百年的演变过程。英国国民尤其是资产阶级和新贵族的利益，尽管长期受到封建统治的侵害，但由于与王权长期的联盟关系，形成了很深的王权政治观念，仍然强烈的"依恋着君主制和旧的宪政传统"。这种历史传统使上至达官贵人，下至平民百姓，几乎人人都有"君主至上"的思想，同时又根深蒂固地树立起君主要受法律约束与议会限制的观念。这正是 17 世纪革命中，资产阶级和新贵族的种种宪政尝试失败后选择君主立宪制结局的历史渊源。这种符合实际情况的选择，与当时人民的承受力相称，从此"在英国才开始了资产阶级社会的巨大发展和改造"。用法国革命彻底的民主共和结局、美国独立战争的联邦共和结局来强求英国革命，是不切实际的。与其他领域的创新相比，必须更加紧密的符合社会、文化、传统等实际情况，这是体制 / 制度创新的一大特点。

事实上，革命开始时，资产阶级的各个阶层和派别，基本上都是君主立宪派，几乎没有人从一开始就提出共和制，只不过随着斗争的激化，到了不废除王权就不能保卫自己取得的革命成果时，共和国的口号才真正被提上日程，并得到一部分人的支持。而当这个"没有国王和上院"的一院制共和国在"还没有形成一个能起领导作用的有效政府的轮廓"时就过早诞生的时候，它与社会和时代的不相适应性很快表现出来，共和政体难以维系。从当时的社会反应来看，真正仇视君主立宪制的只有冥顽不化的封建派，而主张立宪的人却得到了广大人民群众的支持。

英国民族的心理是实行君主立宪制不容忽视的因素。到革命后期，一方面，人人心中逐步形成一种想法，那就是：议会执掌无所不包的权力，这是合乎法律的，而且是所必需的；另一方面，一个贤明善良的君主仍被认为是人民的幸福。英国曾流行这样的名言："当国王在白金汉宫时，全国人民睡得更安静更和平。"英国资产阶级也是如此，在一般情况下，他们是十分尊敬国王的。"没有国王就没有议会"的传统思想颇为顽强。只有当其侵犯他们的财产时，他们才会奋起反对。这种尊崇王室的心理在欧洲各国也是普遍的。

国王依法统治国家，以民族利益的代表行使权力，而人民在尊重法治的传统下服从国王统治；当社会经济发展，人们从中得到实惠时，人民很容易将此视为皇室的恩泽，使得忠君思想具有更加浓厚的精神基础。君主制的保留是由英国传统决定的。君主立宪制考虑了当时英国人民的心理承受力。因而可以说，君主立宪制是英国资产阶级和新贵族在当时的历史条件下做出的最佳选择。

3 影响

■ 英国的国家实力增强

英国王室在实现民族意志、维护国家统一、发展社会经济等方面做出过杰出贡献。在君主立宪制确立之后，英国社会长期动荡不安的局势就稳定下来。此后，英国再也没有发生过革命。政局稳定成为近代英国的一个重要特征。英国的国家实力迅速增强。随着政治制度的完善，在不久以后的 18 世纪中叶，英国就率先发生了工业革命。科学技术的革新推动了生产力的发展。"英国的优势地位在 18 世纪归于优越的政治制度"。君主立宪制使英国在世界工业化的过程中独领风骚，取得了辉煌的成就。英国从此以后凭借强大的舰队和雄厚的经济实力疯狂对外扩张，投入的战争包括第一次鸦片战争、第二次鸦片战争、八国联军侵华等。到 20 世纪初，英国的势力范围已扩展到占全球陆地面积的 1/4 和世界人口的 1/4，成为不可一世的"日不落帝国"。

■ 君主的偶像作用确立

英王作为国家元首，终身任职，王位由皇家内部自主延续。国王不属于政党，不偏向任何党派。君主虽高居权力之巅，但只是一个偶像，英王极少卷入政治党派争权夺利的斗争。英王是"政治体制中扎根很深的遏制机器的组成部分"，"能在出现冲突和危机的情况下发挥巨大的影响"。按照英国政治学家的权威性表述，女王有被咨询权、鼓励权和警告权。当政治斗争发展到引起政府危机时，英王能够充当仲裁人，起到恢复民主程序、稳定政局的作用。而在对外扩张的时候，英王又扮演着偶像的角色，成为英国海外军队这部庞大机器投入战争的巨大推动力和精神支柱，"为女王陛下而战"成为英国军人至高无上的荣誉。

■ 对各国社会变革的示范作用

17 世纪率先发生于英国的资产阶级革命，是人类社会上一次重要变革。其建立的君主立宪制，是人类历史上政治体制的一次重要创新。自此，法国、美国等西方国家资产阶级革命相继展开，建立了各种形式的资本主义民主国家。在亚洲，日本面对西方列强的侵略，效仿英国建立了一个二元制的君主立宪国家，使其迅速成长为资本主义强国。英国的君主立宪制对西方国家的社会变革起到了极大的推动作用。对于清末中国这样的第三世界国家，英国用坚船利炮打开中国国门，促使忧国忧民的中国士大夫开始重新审视清政府，对中国社会变革产生了巨大的影响。清末出现了两次立宪高潮，即"戊戌变法"和"清末新政"。

第二章

技术的升级：
从刀耕火种到数字化生存

今天的人在谈论创新的时候，往往指的是那些能够提高产品质量或者改善生产工艺的活动，而这又会必然导致社会福利的提升。今天的企业或个人在面对创新的技术的时候，往往抱着一种想法：这个技术能否投入生产活动、并且带来价值？如果是，那么这种创新的技术就很有可能受到关注（往往是投资）。

不过，对于几百、几千甚至几万年前的我们的祖先来说，他们的生产活动可能还没有跟生活活动那样泾渭分明，也就难以把一种创新的技术投入所谓的"产业化"。更多地，他们依靠的是自己的本能——一开始是生物的本能，后来则是社会活动的本能。

第一节
解放体力：石器，火

一、石器的出现——最早的技术创新

很久以前，东非的古猿还在茹毛饮血，过着平静的生活。平时的食物主要是野果、树叶。虽然靠这些花花草草来填饱肚皮是绰绰有余的，然而这些古猿更向往的还是羚羊、角马的肉，那可是难得的美味。靠狮子捕猎留下的残羹冷炙尽管是有可能的，但毕竟不那么现实。要依靠自己族群的力量，捉到和杀死一头羚羊或角马，那可是一件很伤脑筋的事情，往往要出动整个族群的古猿，花上大半天的时间，而且大多数时候还是劳而无功。就算运气好，终于能够享受一顿饕餮盛宴，但是这些珍贵的肉常常紧紧地贴在骨头上，或者被夹在骨头之间的细细的缝隙中。弄到一头猎物毕竟是很不容易的。古猿们总是希望用指尖把每一块肉都抠出来，失去耐心的时候就会用拳头狠狠地砸那些坚硬的骨头，希望获得每一块肉，还有骨头里的妙不可言的骨髓。然而，古猿毕竟不是狮子，没有那么锋利的爪子，也没有那么强有力的下颌骨和咀嚼肌。不论多么努力，有时还把手弄得骨折了，可还是有很多肉、骨头明明摆在那里，却就是没法够着。宝贵的佳肴就这么被浪费了。

大约数百万年前的一天，一个古猿（姑且称之为甲）在偶然间发现，对付这些难啃的骨头，不光可以用自己的手，而且还可以找到帮手——石头。没错，遍地都有的石头。一开始，古猿在使用石块的时候很可能是没有方向性的，只要用石头的任何一个部位往下砸，把相连的两块骨头敲开或者把一块骨头砸裂就行了。到后来（可能是数十万年或数百万年之后），另一个古猿乙在偶然间发现，有锋利边缘的石块或石片更好用，用它们的边缘来砍或者切骨头会省力得多，事情也就变得更加容易。这时候，生物的本能发挥作用，这些古猿（甲或乙）觉得这样做似乎没什么不好，于是坚持这样做了下去，并且把这种做法告诉了更多的古猿："嘿，你们看，这样做真的很省力！"通过这样原始的技术扩散活动，越来越多的古猿逐渐学会了这种办法。就这样，石器时代终于到来了。

在今天的人眼里看来这么简单的一件事，在数百万年前的古猿界可是一件开天辟地的大事。这意味着古猿通过"创新"，学会了使用工具，也在技术上比过去更加先进。今天的学术界用"技术创新"（technological innovation）来描述新产品、新过程、新系统和新服务的首次应用。对于创新的研究主要是从技术开始的。古猿运用石头，本质上就是通过一定的技术手段帮助他们更加有效地摄取肉和骨髓，方便他们的生活，提高生存的概率。这就是最早的技术创新。

但是，究竟是古猿甲还是乙，是那只实施了最早的技术创新的古猿，从而开创了伟大的石器时代？这一点仍然存在疑问。考古学家已经发现了后者的蛛丝马迹。它们在340万年前的动物骨头上发现了石刃砍凿的痕迹，于是宣称这是石器时代的起点。然而这是很可疑的。在我看来，进入石器时代的标志不应该是使用薄薄的精巧的石片，而是使用那些看上去更粗糙的、笨拙的、没有锋利边缘的石块。毕竟，不论看起来比石片多么的笨拙和粗陋，只要它具有一定的功能（砍、砸），可以满足古猿的需求（解决骨头和肉的问题），石块都足以被称为最早的工具，也就是最早的人类技术创新的成果。只不过，在今天的我们看来，一个很大的问题就是，使用这样的石块，在动物骨头上很难留下什么容易辨识的痕迹。一只强壮的古猿，用尽力气把这么一个石块砸下去，把羚羊的腿骨砸成两段，在今天的考古学家看来，这根腿骨就是不幸的羚羊在急速奔跑中不小心自己折断的，很难说有什么考古学意义上的新发现。相比较而言，石片砍凿容易留下一个一个的凹痕，因而是更容易辨认的，更具有考古学意义。

问题就在于，现在的考古学家们还能找到当初被古猿使用的一个一个的没有棱角的粗糙石块吗？显然，在广袤的东非大草原和壮观的大裂谷，这样的石块俯首皆是，数以亿计。难道把每一个石块都做一次科学检查和鉴定，看看上面是否残留了古猿的毛发或者羚羊的血液？显然不可能。当然还有一种办法，就是把搜索范围缩小到古猿的洞穴、居住地，看看能不能发现这样的石块。然而到目前为止，学者们的运气也还不够好，或者说，还很少有学者愿意把这种石块列入关注对象的范围。

于是乎，学者们只能把最早的工具，锁定在相对容易锁定的对象——石片，或者说，有锋利边缘的石块了。客观地说，这是有失公允的。由于研究的原始资料（没有锋利边缘的石块）的可获得性太低（不是因为太少，而恰恰是因为数量过于巨大，难以筛选），我们不得不把自己祖先的出现年代推迟了数十万年、甚至可能数百万年。

在亚瑟·克拉克（Arthur Charles Clarke）的《2001 太空漫游》（2001: A Space Odyssey）中，最早的工具不是石块或者石片，而是一根长长的动物骨头。古猿在黑色石板的启示下，用这根骨头开始了改变自身的历程。在历史上，真实的一幕究竟是什么？最早的工具是石头，还是动物的骨头，或者是一根树枝？我们已经很难得知。另外，是否有这么一块黑色石板还不好说。不过可以确定的是，不论是石头、骨头还是树枝，从那一刻起，古猿开始有意识地寻找、制造和使用工具，这就是最早的技术创新。

一方面，为了更好地使用工具，掌握工具运用的方法（包括力量、角度、距离等参数），古猿的双手开始变得灵巧，逐渐能够做更加精细的工作；另一方面，工具运用方法的改进过程，也就是古猿对自身大脑的开发过程，大脑逐渐学会了有意识的思考，对各种参数进行分析（那时候几乎不可能有系统性的预测行为，更可能的是不断的尝试和纠错），积累经验（怎么做更省力、更快），总结教训（不再把手划伤），提高效率，从而慢慢地找到在某一情境下某种工具的最佳使用方法（也就是今天所说的最佳实践，best practice）。这就是今天的创新理论所说的"干中学""用中学"（learning by doing，learning by using）。"十指连心"，双手运用得越频繁，大脑也就开发得越深入，而这又进一步促进了双手活动的灵活性和精确性。由此及彼，相互促进，人（Homo）这个生物学中的"属"终于逐渐浮现出来。从这个意义上说，技术创新不仅仅是人类社会发展的动力之一，而且石器工具这一技术创新就是从古猿到原始人的生物演化迈出的那关键一步的原动力。

二、火——人类进化史上的重大变革

原始人的食物包括果实、树叶、肉类等。和其他大型哺乳动物一样，原始人只能茹毛饮血，依靠自己的牙齿、咀嚼肌和强大的肠胃来对付这些食物。他们没有办法对这些食物进行进一步加工——也没有人想到过这么做。直到有一天，跳动的火苗进入了人类的视野。

火得到原始人的关注，可能有很多种原因。在寒冷的时候，靠近火堆或在太阳光下，身体比较舒服；被火烧熟的动物肉，吃起来比生肉少了一股难闻的腥味，而且口感较好、胃觉舒服；有火的地方，豺狼虎豹都被吓跑了，安全性极大的提高；火光也使漆黑的夜晚不那么可怕，使夜间活动有了更多的依靠和指引。生物的本能再次发挥作用，原始人"跟着感觉走"，采用这种使自己觉得方便、舒服的方式，改善自己的衣、食、住、行各个方面，使自己的日子过得越来越舒坦。

从产品创新的角度来看，火这个产品进入原始人的视野是具有戏剧性的。一种说法是火山爆发产生火；另一种说法是打雷闪电的时候树林或草丛被点燃起火；在中国古代传说中，燧人氏看到有鸟啄燧木时产生火苗，受到启发。无论如何，已经尝到火的甜头的原始人开始琢磨着怎样才能把自然界产生的火种保存下来，或者自己想办法生火，以便今后使用。

从工艺创新的角度来看，原始人对人工取火的方法进行了艰难的探索。经过千万次试验（同样的"干中学""用中学"），尝试了千万种不同的材料、力量、角度、风向、程序，原始人终于找到了钻木取火与击石点火两种方法，从而最终熟练地掌握了取火技术。尽管这两种方法还很原始，操作起来非常困难，原始人还是不辞劳苦地重复这两种方法，并为此欢欣鼓舞。

火的使用可以说是一个划时代的技术创新。尽管不了解火的化学原理，但是这丝毫也不妨碍人类将这种技术付诸实施。由于火的使用，原始人开始吃熟食，熟食易于消化，更富有营养，因而大大促进了人类体质的发展；火给人类带来了温暖，使人类不仅生活在温暖地带，并且可以前进到寒冷地区；火给人类带来了光明，即使在黑夜，人类也能看见四周的环境、从而自由地行动了；火还增强了人类的攻守能力，使人类再也不惧怕猛兽的威胁了。总之，火的使用使原始人获得了新的知识、新的力量。恩格斯说："摩擦生火第一次使人支配了一种自然力，从而最后与动物界分开。"如果要列出人类历史上最具有划时代意义的变革性创新的话，火的使用毫无疑问可以位列三甲。

石器和火这两种技术被人类掌握，意味着人类逐渐具备了比自身体力更为强大的力量。石器使人能够砍树、切菜、杀死大型猛兽、制作各种生活用品，火使人能够制作熟食、烧制器皿、在寒冬取暖、甚至用放火的方法围捕猎物、开垦田地。这两种技术上的创新，使人类掌握了前所未有的力量，极大地拓展了自己的活动范围，也在很大程度上加强了人脑的活动——智力活动，为人类进一步从动物界脱离出来、成为凌驾于其他动物之上的智慧生物创造了条件。

第二节
解放脑力：四大发明

一、造纸术

在纸发明以前，人类主要靠龟甲、兽骨、金石、竹简、木牍、绵帛记事。然而，甲骨不易得到，金石笨重，简牍占有大量空间，绵帛昂贵，都不便使用。随着科学文化的发展，人类迫切需要一种廉价简便的新型书写材料。

在中国的东汉时期，公元 63 年，蔡伦生于桂阳郡治城南，也就是今天湖南省耒阳市城南蔡子池。公元 105 年，蔡伦继承和发扬了前人的造纸方法，制造出质优价廉的纸张，人们称之为"蔡侯纸"。①

蔡伦造纸的创新之处主要有以下三个方面。

首先，是造纸的方法和程序。

第一是"选"，选择"树肤、麻头及敝布、渔网"为原料。蔡伦抛弃了丝絮等动物纤维，纯用植物纤维。古代麻织品总称为布，丝织品总称为帛。渔网和敝布都是大麻和苎麻，原产地都是中国，所以原材料非常丰富。（"选"料工艺）

第二是"剉"，将原料切短、碾碎。（"剉"料工艺）

第三是"煮"，将已剉好的原料加以蒸煮，使纤维间粘结质分解。《诗经·陈风》说："东门之池，可以沤麻。"即用于纺织的麻原料可以在朝东的有阳光照射的池水中沤浸，因水温提高可以加快其发酵脱除木素与果胶，但古代用葛纺织就要先经过水煮。（"煮"料工艺或"沤"料工艺）

第四是"捣"，将经过蒸煮的原料放入臼内进行舂捣（用棍子的一端撞击），用现代的造纸语叫打浆叩解，使纤维帚化。这是使纤维能相互缔结成纸页的关键工序，其作用是将初生壁的纤维外壳打破（压溃、劈裂、脱水），以露出其内的微细纤维并使之纵裂帚化，在水中形成相当大的丝状表面积，使纤维素分子结构上的氢或羧基暴露于纤维表面，相邻纤维上的这类基团在水中形成水键，经脱水干燥后产生氢键，相互拉紧，形成具有强度的纸张。这是构成纸页的关键，也是蔡伦造纸工艺的一大创新之处。今天，我们鉴别出土类纸物是麻絮还是纸张，首先就要看它是否经过打浆。（"捣"料工艺或"打"料工艺）

第五是"抄"，即将经过舂捣打浆的纤维均匀悬浮于水中，用抄纸帘过滤成湿纸页（包括"笘"或"篓"），干燥后即成纸张。这是古代纸页成型的方法，它包括"抄纸法"和"浇纸法"。（"抄"料工艺）

"蔡侯纸"经过以上五道工序就制成了，后世的造纸工序比这更多更复杂，但这五道工序是最基本的。蔡伦最伟大的创新之处，就在于确立了造纸

---

① 李玉华.蔡伦发明的是"造纸术"[J].博览群书，2008，（3）：8-11.

的基本工序和方法，这一工艺创新也为现代造纸工艺树立了典范。

其次，蔡伦还发明和应用了纸药，这是一大产品创新。"纸药"是指抄纸时在纸浆悬浮液中加入的植物黏胶液，俗称"滑水"或"胶水"。它在造纸过程中具有非常重要的作用，突破了湿纸压榨后难以揭分的最后难关，从而造出了可大量生产、均匀完整平直的书写用纸。具体说，它有三种作用：一是悬浮分散，使纸均匀成型；二是保护压榨，使湿纸免于"压花"；三是防止纤维互粘，使湿纸易于揭分。蔡伦在公元 105 年发明纸药后，一整套完善实用的造纸术才得以形成，蔡侯纸才大功告成。①

再次，蔡伦还创造性地选用树肤、麻头、敝布、渔网等植物纤维原料造纸，尤其用树皮做原料，这在造纸术中是一大原材料创新。树皮、麻料都属于韧皮纤维，所含的木质素和杂细胞都很少，水溶性物质较多，有机杂质易于分解溶出，便于提取纤维制浆造纸，对工艺技术和工具的要求都不高，符合当时的技术条件。他还首创"废物利用，化废为宝"，麻头、敝布、渔网既易于"捣"碎成浆，又具有经济价值。天然生长的植物纤维原料，资源丰富，分布面广，随处可得，取之不尽，用之不竭，成本低廉，为大批量生产提供了可能性。

这样，蔡侯纸从原料到成品实现了"三新"：新工艺、新产品、新原料，在人类创新史上写下了不可磨灭的一笔。他发明的造纸术，很快产生了深远的影响。

造纸术在中国得到迅速的推广，公元 3—4 世纪纸在国内取代了绵帛、竹简，并于公元 6 世纪传入朝鲜、越南、日本，8 世纪传入中亚、阿拉伯，12 世纪由阿拉伯传入非洲、欧洲，16 世纪传入美洲并在欧洲广泛流行，从而取代了或昂贵，或笨重，或松脆，不适合大量推广的印度的白树皮和贝叶、埃及的莎草纸、阿拉伯和欧洲的羊皮，蔡侯纸逐渐被世界各地的人们采用为书写材料。在 18 世纪以前，世界各国一直沿用蔡侯纸技术生产纸张。纸对后来西方文明整个进程产生了极其巨大的影响。中世纪的欧洲要写一部书，就要用数十张羊皮，如《圣经》，需要用羊皮 300 张之多。成本高昂的书籍不是一般平民百姓买得起的，因而限制了欧洲文化的普及和发展。造纸术的传播，促进了西方文化的内部交流，为欧洲的教育、政治、商业的活动提供

---

① 钟志云.关于蔡伦及其造纸术的若干问题探讨 [D]. 华南师范大学，2007.

了极为有利的条件，从而使文艺复兴成为可能。德国亚可布说："希腊罗马的人，从来没有想到纸的发明，我们还是靠中国人蔡伦的智慧，才能享受现在的这种便利。"蔡伦的造纸术对文化的普及和世界科学文化传播交流作出了不可磨灭的贡献。

二、活字印刷术

中国的雕版印刷术大约起于隋唐，成于五代，盛于两宋。雕版印刷较之手写有无比的优越性，它可以雕一版而印无穷，且能妥善保管，多次印刷，经久耐用。所以任何一种书稿，只要按照一定的行格款式雕刻一套版，便可以随需刷印、广为流传。这对知识信息的传播和文化影响的拓展是有利的。但雕版印刷也有不可克服的缺点，这就是它只能是一种书刻一套版，一套版印一种书。它只能在同一种书的部数上随需刷印，却不能在品种上随意生新，若生新就只能再雕一套版。如果刻一部大书，要花费很多时间和木材，不仅费用浩大，而且储存版片要占用很多空间，管理起来也有一定的困难。这种劳师费时、工料俱奢的弱点，雕版印刷术越是极盛，暴露得也就越明显。

北宋仁宗庆历年间（1041—1048 年），平民毕昇在世界上第一个发明活字印刷术，这比德国的古腾堡早了 400 年。简言之，活字印刷术就是预先制成单个活字，然后按照付印的稿件，检出所需要的字，排成一版而施行印刷的方法。采用活字印刷，一书印完之后，版可拆散，单字仍可再用来排其他的书版。

具体而言，沈括在《梦溪笔谈》卷十八"技艺门"中较详细地记载了毕昇的胶泥活字印刷法：①

（1）制字：用胶泥刻字，活字薄如钱唇，一字一印，用火烧使其坚固，实际已是陶质活字。每一字都有数个活字，用以处理在文稿里的字重复出现的情况。还有两种情况，排版中经常遇到：一是常用字如"之""也"等，每字有二十余个活字，以备一版内有更多重复者；二是文稿中出现的生僻字原所制活字中没有，当下补刻，用草火烧成坚固的活字，马上可以排版。

---

① 肖东发 . 活字印刷术的发明及其在宋元时代的发展与传播 [J]. 北京大学学报（哲学社会科学版），2000，37（6）：96-104.

（2）置范：先备一块铁板，上放松脂、蜡和纸灰之类，再放一铁范于铁板上，以承容和固定活字。

（3）排版：在板上紧密排布字印，满铁范为一版。

（4）固版：以火给铁板加热，使药熔化，再以一平板按印面，使字面平整、固定。

（5）印刷：固版后就可以上墨铺纸印刷了。为了印刷方便和快捷，通常用两块铁板，一块板印刷时，另一块板在排字，印完一块板，另外一块板已经排好，交错使用，能提高效率。

（6）拆版：印完后再用火为铁板加热，使药熔化，用手指落活字，并不沾污。

（7）储字：活字不用时则以纸贴之，每韵为一贴，储藏于木格之中。

毕昇的胶泥活字印刷术，具有新原料、新工艺、新产品三个方面的创新点。

在原料创新方面，毕昇扬弃了木活字而创制了泥活字。的确，木活字容易做，要么是锯镂已雕字的板片，要么是一个一个地雕刻木字，在当时雕版印刷盛行的情况下，都是轻而易举的事情。并且，这样跟雕版印刷一样，易着水墨，容易成功。为了满足外部急迫的批量印刷需要，毕昇从锯雕版直接成木活字排版印刷入手。然而，当时排版固字技术尚不过关，使得用木活字排出来的版面，因木理疏密不同，频着水墨印刷后，便会出现涨版而使版面高低不平的情况。并且当时排版固字技术只是用松脂蜡和纸灰的溶凝原理，根本无固力阻止木字因涨版而凸起，加之印刷完成木活字易与蜡灰相粘，脱字较难，且易相互污染，所以最终被毕昇放弃。毕昇转而研制了胶泥活字印刷术。①

在工艺创新方面，毕昇制造的泥活字，"每字为一印，火烧令坚"。泥活字刻字时胶泥当是干的，这样易刻，笔画交叉处也不易出现断笔，出现了也容易填补。刻完一批字就应"火烧令坚"，否则就可能磨损，影响质量。每字皆刻数个，如"之""也"等常用字，则刻有二十余个，以备一版之内

① 刘崇民.论毕昇的身份及其发明活字印刷术的动因和过程[J].理论学习与探索,2013,（5）:85-87.

重复使用。有些生僻奇字刻字时未行备刻，则在排版时随需随雕刻，并以草火烧之，瞬息可成。可见毕昇在制字上已经想得十分周密了。

在产品创新方面，毕昇设一铁板，铁板上均匀地铺撒一层松脂蜡和纸灰。打算印刷时，先将一铁范放置在铁板上。这个铁范当与当时通行的雕版印刷的版面高矮宽窄相似，以便形成活字的围圈和版面的四周栏线，铁范中便可依行布字，满范为止。然后持着排满字的铁板到火上灼炀，待蜡稍熔，便以一平板按压字面，则字深嵌入蜡中，版面则字平如砥。且常做两块铁板，一板在印刷，另一板在排字。一板印刷完，另一板已排好版。如此交替用之，瞬息便可印出许多。不印的时候，其活字便依韵归类，并在字身背头贴上该字所属之韵，储藏于事先做好的木格箱中，每格则以写好的韵头之字贴之，以便再印时拣字方便快捷。[①]

近一千年前毕昇创制的胶泥活字印刷术，从制字、排版、固版、印刷到储字等工序上，都有了切实的实践，并且取得了成功。在效率方面，若只印两三本，则不算简易；若印数十百千本，则显得极为神速。用今天科学的眼光来审视它，除了略显古朴外，其活字印刷术的基本原理，与后世人类共同使用的铅排技术已没有本质的不同了。

毕昇首创的胶泥活字印刷术是具有深远影响的技术革命。法国斯丹尼斯拉斯·茹莲认为："印刷术中最重要的改良，都不及宋代的活字术"。从工艺原理上看，近代的铅字排版与胶泥活字印刷是完全一致的。活字印刷术发明后不久，即经西域传到波斯、埃及等国，旋又传入欧洲。

约在 1444—1448 年间，德国美因茨的古腾堡仿照中国活字印刷的原理，初步制成了一种以铜、锑、锡合金的欧洲拼音文字的活字，用于印刷，这比毕昇发明活字印刷术的时间晚约 400 年。中国活字印刷术为古腾堡的发明奠定了基础，从这个角度说，近代机械印刷技术只是一种"技术改良"或"集成创新"。

在活字印刷术以前，文化的传播主要靠手抄的书籍，既慢，易错，也大大限制了一般民众对文化的需求。活字印刷术传到欧洲后，改变了过去只有僧侣、贵族才能读书受教育的状况，为文艺复兴运动的出现提供了重要的物质条件。另外，由于《圣经》等宗教著作被大量印刷，基督教文明开始在世

---

① 李致忠. 活字印刷术的发明及其制字材料的演进 [J]. 文献，1998，（10）：114-137.

界范围内传播。活字印刷术间接地推动了欧洲的宗教革命和文艺复兴，它以催化剂的角色推动了欧洲科学、文化的迅猛发展，也为资本主义的产生创造了重要的物质条件。

三、火药

火药的发明是人类文化史上的伟大创新之一。它的起源和炼丹术有密切的联系。中国古代黑火药是硝石、硫黄、木炭以及辅料砷化合物、油脂等的粉状均匀混合物。这些成分都是中国炼丹家的常用配料。把这种混合物叫作药，也揭示着它和中医学的渊源关系。

火药之所以成为火药，起决定性作用的是硝石（硝酸钾）的引入。至少自公元前 2 世纪，中国已经广泛使用成分为硝酸钾的"硝石"于医药和炼丹了。硝酸钾是当时的强氧化剂，尤其是在火法熔盐反应中。所以硝石（硝酸钾为主）成为古代东西方化学发展的控制因素。没有硝石，就谈不到火药的发明。

秦汉以后，炼丹术盛行，其目的是制造金银和修炼丹药以求得长生不老。炼丹家们希望夺造化之功，使自然变化人为地在丹炉中完成，于是将各种药物彼此配合在炉中用火炼。在火法炼丹过程中，为了防止药物加热后逃逸，采用密封的丹鼎。这种做法在初期是摸索性的，具有很大盲目性，当然失败多于成功。在密封的丹鼎中炼丹时，如果药物加热后发生激烈的反应就会发生炸鼎事故，也就是《真元妙道要略》中记载的"祸事"。

经过长期实践，炼丹家认识到某些药物不能贸然在密封的丹鼎中合炼。炼丹家所用的药物是多种多样的，主要有五金、八石、三黄，还有特殊的药物就是汞和硝石。其中，三黄是雄黄、雌黄和硫黄。硫黄与汞化合成丹砂是炼丹家们的成功之作，也是他们研究得最多的。不过，三黄若是与硝石共同用火炼，却会着火和爆炸，这就导致了火药的发明。

公元 4 世纪初的《抱朴子内篇·仙药》记载：以硝石、松脂、猪肠、雄黄共炼，会在 350℃～400℃起火爆炸。这可能是人类史上关于火药的最早记载。因此原火药起源可以上溯到公元 4 世纪。

炼丹家如何对待偶然发现的能爆炸或剧烈燃烧的混合物？一是利用来做戏，进行恶作剧，最后贡献给军事；二是在火法炼丹过程中避免使用这类药物，以保证不出意外事故。经过多次实践积累了经验后，炼丹家还发现，要炼好丹，必须先使某些药物"伏"于控制，也就是"伏火"。

根据问世于公元686—741年的《龙虎还丹诀》记载：硝硫合炼的两组分伏硫黄法祖方已经是一种火药成分，这可以说是中国原火药发明的可靠年代。其中，硝、硫的摩尔比为略低于1∶3，所以可称之为"原火药"。它不是用于灭火，而是用于发火，在一定条件下是会爆炸的。

火药发明的过程中的创新，包括原料创新、过程创新。

在原料创新方面，尽管今天的黑火药的成分主要是硝、硫和碳，但是原火药并不一定具备这三种成分。火药之所以成为火药不是因为含有可燃物——硫和碳，而是由于含有氧化剂——硝石。碳和硫是可燃的，但它们在密封的炼丹炉中隔绝了空气后，既不会着火也不会爆炸。但是，当炼丹家将硝石进行火法炼制时，只要有可燃物同时存在，不论密封与否都会发生激烈的燃烧甚至爆炸。而可燃物也不局限于硫黄和木炭，雄黄、雌黄、松脂等与硝石共同烧炼也会导致原始火药的发明。可能原始火药开始是两成分的，只有硝、硫，以后才发展为多成分的。[①] 事实上，硝硫合炼的两组分伏硫黄法祖方，在增添第三组分的发展中，出现了两种以上的配方，它们也都叫伏硫黄法，其硝硫重量比都是1∶1。一种是《孙真人丹经》记载的"内伏硫黄法"，第三组分是硇砂（氯化铵），由硝石、硫黄、硇砂组成；另一种是《诸家神品丹法》记载的"伏火硫黄法"，第三组分是烧存性的皂角子，由硝石、硫黄、皂角子组成。[②]

在过程创新方面，炼丹家们主要是采用将各种药物彼此配合在密封的丹鼎中用火炼。并且，他们还设法使某些药物"伏"于控制，也就是"伏火"。这都是火药制备过程中的工艺创新。

大约在公元10世纪初的唐代末年，火药开始在战争中使用。公元904年（唐哀宗天祐元年），郑璠进攻豫章时曾经"发机飞火"，可能是最早记载的进攻性热兵器。火药被引入军事，成为具有巨大威力的新型武器，并引起了战略、战术、军事科技的重大变革。初期的火药武器，爆炸性能不佳，

① 郭正谊. 火药发明史的新探讨 [J]. 中国历史博物馆馆刊，1985，（6）：72-77.
② 孟乃昌. 火药发明探源 [J]. 自然科学史研究，1989，8（2）：147-157.

主要是用来纵火。随着工艺的改进，火药的爆炸性能加强，新型火器不断出现。在宋代，火药在军事上更得到了广泛使用。北宋为了抵抗辽、西夏和金的进攻，很重视火药和火药武器的试验和生产。

火药由商人传入印度。在 13 世纪，火药武器通过战争传到阿拉伯国家，成吉思汗西征，蒙古军队使用了火药兵器。公元 1260 年，元世祖的军队在与叙利亚作战中被击溃，阿拉伯人缴获了火箭、毒火罐、火炮、震天雷等火药武器，从而掌握了火药武器的制造和使用。另一方面，希腊人通过翻译阿拉伯人的书籍知道了火药。并且，阿拉伯人与欧洲的一些国家进行了长期的战争，在战争中阿拉伯人使用了火药兵器，例如阿拉伯人进攻西班牙的八沙城时就使用过火药兵器。在与阿拉伯国家的战争中，欧洲人逐步掌握了制造火药和火药兵器的技术。恩格斯在《反杜林论》中指出："以前一直攻不破的贵族城堡的石墙抵不住市民的大炮，市民的子弹射穿了骑士的盔甲。贵族的统治与身穿铠甲的贵族骑兵同归于尽了。随着资本主义的发展，新的精锐的火炮在欧洲的工厂中制造出来，装备着威力强大的舰队，扬帆出航，去征服新的殖民地……"

四、指南针

指南针的发明不是突然发生的，而是中国人在战国以来确定方位的近千年实践中不断探索的产物，与中国方位文化的发展演变密切相关。在中国的方位文化中大体经历了从天文学方法定位，再以磁学方法制成司南，最后由司南演变成指南针的三个阶段。

上古时期，黄帝曾与蚩尤进行过几次大规模的战争。蚩尤铜头铁额，神勇无比，而且还会使用妖术。同黄帝作战时，蚩尤降下漫天大雾，黄帝的军队都失去了方向。危急关头，在仙女的帮助之下，黄帝造出了指南车，借助于指南车，黄帝率领军队冲出了重重迷雾的阻挡，最终打败了蚩尤，赢得了战争的胜利。

如果说黄帝的故事还只是传说，那么从战国时期开始，在《山海经·北山经》《管子》《吕氏春秋》《淮南子》等著作中，就出现了关于磁石的各种记载，这些对磁石的认识，是我国磁学的基础，在此基础上，发现了磁石的吸铁性、指向性，进而发明了司南、指南针及至后来的罗盘。

至迟在战国时，华夏民族就制造出了最初的指南针——司南。在公元前
3 世纪末年的《韩非子·有度》中就有司南的记载。根据后来东汉时期王充
的《论衡》描述，司南是用天然磁石雕琢而成，这是一种以四氧化三铁为主
要成分的磁石。司南的形状像一把勺子，底部圆滑，可以放置在平滑的"地盘"
中自由旋转。地盘的形状为方形，也叫罗经盘，四周刻有八干、十二支以及
四维，一共 24 个方向。使用的时候，先把"地盘"放置平稳，把司南放在上面，
轻轻一拨，司南就转动起来，等停下来的时候勺头指向的就是北方，勺柄指
向的就是南方。[①]

汉朝的"司南"也被用于风水和占卜，术士用它在占卜板上旋转来推测
"凶吉"，一个常见的用途是堪舆（相墓相宅的风水术）。然而，制造司南
需要的天然磁石非常少见；而且在雕琢过程中，要准确的找出极向也不是一
件易事，琢磨的成品率低，磁性较弱；加上转动司南时其与地盘接触产生的
摩擦阻力较大，准确性因而受到很大影响。所以，司南的应用和流传都受到
了一定的限制，后来逐渐被淘汰了。由于堪舆术的发展，需对山川地形和方
位进行大规模测定，海外贸易所必需的域外航海又需要有效的导航手段，这
都促进了对司南的改变。

根据北宋初年由曾公亮主编的《武经总要》记载，人们把一片薄铁皮剪
成约 7 厘米长、1.5 厘米宽的鱼形，放在炭火中烧得通红，此时的温度通常
高于铁磁质的居里点，这样，铁鱼内部的分子运动加速，被烧得处于活动状
态的磁畴就会瓦解，成为顺磁体。趁热将其取出，用钳子夹着鱼头，让鱼尾
正对着地球磁场方向（北方），让磁畴重新形成，并顺着地球磁场方向整齐
排列。然后把磁化后的铁鱼迅速浸入冷水中，磁畴的规则排列就马上固定下
来，形成永磁铁。这样，一个"指南鱼"就做成了，对着北方的鱼尾被磁化
而成指北极。使用时，在一只碗内盛满水，放入指南鱼，利用水的表面张力
使指南鱼浮于水面。待水面平静后，鱼头指向的是北方，鱼尾指向的是南方。
指南鱼比司南更为灵巧，便于携带，水的阻力也要比司南与地盘的摩擦力小
得多，准确性因而大为提高。并且，《武经总要》还指出，应当让铁片朝北
下倾数分，这样可以更接近地磁场的方向，使铁片鱼的磁化效果更好。从这
里可以清楚地看到一个事实，这就是中国人早在公元 11 世纪以前就发现了

① 欧阳军．指南针发明轶事 [J]．发明与创新，2009，（7）：48-49.

地磁倾角的存在，并且在指南仪器的制作过程中加以利用。①

随着时间的推移，人们发现其实并不一定要制造成鱼的外形，使用磁针会更方便。于是，指南"针"诞生了。沈括在《梦溪笔谈》中就记载了这种指南针的制造方法，就是拿一根小钢针在磁石上反复摩擦，使其磁化，便是指南针了。指南针不仅在外形上要比指南鱼更为简便，而且体积更小，被磁化的程度更强，使用方法也更为多样，可以将它放在指甲背上或者是碗口边沿上，使其平衡，指南针就会自动旋转，停止下来的时候，所指的就是南北方向。事实上，沈括提出了四种放置指南针的方法：水浮法，碗唇旋定法，指甲旋定法，缕悬法。但是在漂泊不定的船上，将指南针放在指甲背上或者碗口上都不方便，因此沈括建议采用缕悬法，也就是在指南针的中部用少许蜡粘上一根细线，于无风处悬挂起来。这样，即使在航海的过程中也可以使用了。并且，沈括也发现"常微偏东，不全南也"，也提示了地磁偏角的存在。

磁针的出现，是司南向指南针过渡中具有决定性的一步。铁针的磁性是通过与磁石摩擦产生的，和现在磁针的形状极为相似。在 19 世纪现代电磁铁出现之前，几乎所有的指南针都是以这种人工磁化法制成的。

指南针的发明历程中，有原材料创新和过程创新。

首先，古人选用以四氧化三铁为主要成分的天然磁石制作司南，巧妙地利用了磁石的吸铁性、指向性，解决了方向辨识的问题。这毫无疑问是一大原料创新。

其次，过程创新方面，古人采用"烧红—对向—冷却"的工艺，制作指南鱼。这样，就通过合理的过程，巧妙地实现了磁畴的瓦解、重新形成并固定下来，从而解决了磁化的问题。后来，又采用将小钢针在磁石上反复摩擦的方法制作指南针，也是一大工艺创新。

指南针的出现具有重大意义，尤其是在航海方面，指南针更是不可缺少的工具。最初，指南针只是作为天文导航的辅助工具，只有在阴雨天气才拿出来使用。随着人们对指南针性质以及功能的认识不断加深，它也逐渐成为主要的导航仪器。航海者特地在船上设置放置指南针的场所，称为"针房"，并交给有经验的船员专门掌管。到了元代，指南针已经成了航海的基本装备

---

① 王仙洲.论指南针的发明 [J].青岛大学学报，2000，13（3）：120-122.

之一。12 世纪末 13 世纪初，指南针由海路传入阿拉伯，又由阿拉伯人传到西方。欧洲人对指南针加以改造，把磁针用钉子支在重心处，尽量使支点的摩擦力减少，让磁针自由转动。这种经过改造的指南针就更加适宜于航海的需要。大约在明代后期，这种指南针又传回我国。

指南针投入应用之后，人类才具备全天候的航行能力，真正走向宽广的海洋，这开创了人类航海的新纪元。人类第一次能在茫茫无际的浩瀚海洋上自由驰骋，指南针也因此被喻为"水手的眼睛"，成为航海家的必备之物。郑和七下西洋，哥伦布对美洲大陆的发现和麦哲伦的环球航行，都与指南针的应用密不可分。

培根曾说："印刷术、火药和磁石这三项发明已经在世界范围内把事物的全部面貌和情况改变了，并由此又引出了难以数计的变化。"马克思在《机器、自然力和科学应用》中也指出："火药、指南针、印刷术——这是预告资产阶级社会到来的三大发明。火药把骑士阶层炸得粉碎，指南针打开了世界市场并建立了殖民地，而印刷术则变成了新教的工具，总的来说变成科学复兴的手段，变成对精神发展创造必要前提的强大的杠杆。"这三项与造纸术一起，并称中国古代的四大发明，为人类的脑力活动开创了更大的空间，尤其是使人的知识传播、远洋航行、探索未知的能力得到了质的提升。

第三节
拥抱世界：电

今天，人类社会的运行可以说是建立在电的基础上的。没有电，就没法看电视、听广播，没法打电话、用电脑，没法用洗衣机、电冰箱、空调，没法开动汽车、轮船、飞机、火箭，没法启动机器机床、仪器设备……总之，没有电，人们将寸步难行，人类将无法生存。电的发现和应用，可以说是人类历史上最伟大的创新之一。

　　事实上，电从地球出现的时候就有了。很多年前，人们就已经知道发电鱼会发出电击。根据公元前 2750 年撰写的古埃及书籍，这些鱼被称为"尼罗河的雷使者"，是所有其他鱼的保护者。古罗马医生 Scribonius Largus 在他的著作中建议，患有像痛风或头疼一类病痛的病人去触摸电鳐，也许强力的电击会治愈他们的疾病。

　　公元前 600 年左右，古希腊的塞利斯（Thales）做了一系列关于静电的观察。他发现，琥珀用毛皮去摩擦之后，能吸引一些像绒毛、麦秆等轻小的东西。那时候的人们认为琥珀中存在一种特殊神力——"电"。中国古代一些文章也对类似现象做过记载。西晋张华记述了梳子与丝绸摩擦起电引起的放电及发声现象："今人梳头，脱著衣时，有随梳、解结有光者，亦有咤声。"唐代段成式描述了黑暗中摩擦黑猫皮起电："猫黑者，暗中逆循其毛，即若火星"。公元 1600 年，当时英国女王伊丽莎白一世和后来詹姆斯一世国王的御医吉尔伯特（Gilbert）发现，用摩擦的方法不但可以使琥珀具有吸引轻小物体的性质，而且还可以使不少别的物体如玻璃棒、硫黄、瓷、松香等具有吸引轻小物体的性质。他把这种吸引力称为"电力"。这些现象说明了人类一早就认识了电，但是还不能运用。

　　1734 年，法国人杜伐发现两种不同性质的电。一种是把玻璃棒用丝绸摩擦，然后将这根玻璃棒用丝线悬挂起来，再将另一根与丝绸摩擦过的玻璃棒靠近它，发现这两根棒相互排斥，于是他就把玻璃棒带的电称为"玻璃电"（即正电）；另一种是把松香用毛皮摩擦，然后把这块松香靠近用丝绸摩擦过的玻璃棒，发现两者相互吸引，于是他称松香所带的电为"松香电"（即负电）。这就是人们所讲的同性电相互排斥、异性电相互吸引的现象。杜伐发现了这些现象，也做了最早的理论解释。

　　1746 年，荷兰人莱顿（Leiden）做出了莱顿瓶。这是一个玻璃瓶，瓶的内外表面均贴上像纸一样的银箔，把摩擦起电装置所产生的电用导线引到瓶内的银箔上面，而把瓶外壁的银箔接地，这样就可以使电在瓶内聚集起来。如果用一根导线把瓶内表面的银箔和外表面的银箔连接起来，就会产生放电现象，发出电火花和响声，并伴随着一种气味。

　　在电的创新的道路上，一个关键人物是本杰明·富兰克林（Benjamin Franklin）。富兰克林的第一个重大贡献，就是发现了"电流"。他在 1747 年给朋友的一封信中提出关于电的"单流说"。他认为电是一种没有重量的流体，存在于所有的物体之中。如果一个物体得到了比它正常的分量更多的电，它就被称之为带正电（或"阳电"）。如果一个物体少于它正常分量的电，它就被称之为带负电（或"阴电"）。

富兰克林对电学的另一个重大贡献，就是通过 1752 年著名的风筝实验，"捕捉天电"，证明天空中的闪电和地面上的电是一回事。他用金属丝把一个很大的风筝放到云层里。金属丝的下端接了一段绳子，另外金属丝上还挂了一串钥匙。富兰克林一手拉住绳子，用另一手轻轻触及钥匙。于是他立即感到一阵猛烈的冲击（电击），同时还看到手指和钥匙之间产生了小火花。然而，据传，并没有实际证据证明富兰克林做过这个实验，这个实验可能仅仅是一个"思想实验"。

但是，无论如何，这个实验表明：被雨水湿透了的风筝的金属线变成了导体，把空中闪电的电荷引到手指与钥匙之间。这在当时是一件轰动一时的大事。很多人都在重复富兰克林的这一实验。为什么？因为当时社会上对于雷电有一种恐惧心理，大多数人认为雷电是"上帝之火"，是天神发怒的表现。富兰克林的实验惊动了教会，他们斥责他冒犯天威，是对上帝和雷公的大逆不道。然而，他仍然坚持不懈，而且在一年后制造出世界上第一个避雷针，终于制服了天电。由于教堂高高耸立的塔尖常被雷电所击，教会为了保护教堂，最终也不得不采用了这个"冒犯天威"的装置。以前电一直被人们当作一种娱乐手段，从此总算找到了实际的应用价值，从而为电的实际应用开启了大门。

富兰克林的这个实验不仅在美国有很大的影响，还影响到世界其他国家。1753 年，俄国科学家里希曼（Richmann）在屋顶上装了一根导线通到实验室，想用验电器来观察雷电现象。那时正逢雷雨交加，一个火球从上面传了下来，结果里希曼遭雷击而死亡。因此，富兰克林的风筝实验的影响，足以使每个电学家避免这种无谓的牺牲。

1800 年春季，伏打（Volta）发明了著名的"伏打电池"。这种电池是由一系列圆形锌片和银片相互交叠而成的装置，在每一对银片和锌片之间，用一种在盐水或其他导电溶液中浸过的纸板或抹布隔开。银片和锌片是两种不同的金属，盐水或其他导电溶液作为电解液，它们构成了电流回路。现在看来，这只是一种比较原始的电池，是由很多锌电池连接而成为电池组。但在当时，伏打的发明使人们第一次获得了可以人为控制的持续电流，为今后电流现象的研究提供了物质基础，为电的应用开创了前景。伏打虽然发明了电池装置，但并不了解这种装置的原理。英国的化学家戴维（Davy）阐明了这种装置的原理，指出这类电池的电流来自化学作用，奠定了电离理论基础，并进而促使他的助手法拉第（Faraday）建立了电解定律。

1821年，英国人法拉第完成了一项重大的发明。在这之前的1820年，丹麦人奥斯特（Oersted）已发现如果电路中有电流通过，它附近的普通罗盘的磁针就会发生偏移。法拉第从中得到启发，认为假如磁铁固定，线圈就可能会运动。根据这种设想，他成功地发明了一种简单的装置。在装置内，只要有电流通过线路，线路就会绕着一块磁铁不停地转动。事实上，法拉第发明的是世界上第一台电动机，是第一台使用电流使物体运动的装置。虽然装置简陋，但它却是今天世界上使用的所有电动机的祖先。

1831年，法拉第发现，当一块磁铁穿过一个闭合线路时，线路内就会有电流产生，这个效应叫电磁感应。一般认为，法拉第的电磁感应定律是他的最伟大的贡献。据此，1831年10月28日，他造出了世界上第一台发电机——圆盘发电机。

过去，人类在探索自然界的道路上也取得了很多的成绩，力量越来越超出自己肉体的限度。但是，人类掌握的力量大多是肉眼可见的，例如鲜红的火焰、巨大的抛石机、火药爆炸的威力，等等。换句话说，人类可以运用的能量形式，包括了热能、机械能、化学能。然而，这几种能量的使用，相比而言仍然是小规模的，人的力量可以被放大数十倍、数百倍，甚至数千倍，然而指数级的放大效应是难以产生的。

电动机和发电机的出现，是电的应用道路上的两个关键性的创新。借助电能，人类的力量取得了突飞猛进的增强。今天的普通人终于可以不费吹灰之力的实现过去梦寐以求的愿望了。例如，在深夜点灯看书，用电力实现大规模流水线生产，用电驱动火车、轮船、飞机，用电热炉做饭，用电话进行沟通，以及用电视机、收音机、录音机、照相机、虚拟现实和互联网把我们的生活变得丰富多彩。事实上，电成了一根力量巨大的杠杆，我们可以用它来发光、发热、生产、出行、通信、上网……人类的手中多出来一根变幻无穷的魔法棒。从此，人类终于掌握了过去只有"天神""上帝"才具有的能力，为电气化时代的到来彻底扫清了障碍。

第四节
信息革命的发端：晶体管的诞生

今天，我们的生活被电脑、智能手机、互联网充斥着。但是这一切的基础——晶体管，却极不起眼，以至于往往被人们忽视了。事实上，半导体时代的开启，乃至信息时代的降临，完全依赖于晶体管的诞生。晶体管的发明，可以说是 20 世纪物理学发展史上最重要的事件之一。

晶体管的发明是科学家长期探索的结晶。1833 年法拉第（M. Faraday）惊奇地发现硫化银的电阻率随温度升高而迅速降低，这成为半导体效应的先声。1883 年，美国发明家弗利兹（C. E. Fritts）制成第一个实用的硒整流器。1904 年，英国的弗莱明（J. A. Fleming）制造出检测电子用的第一支真空二极管。1906 年，美国发明家德福雷斯特（L. D. Forest）发明了第一支真空三极管（电子管）。电子管一经发明出来，就被广泛应用在各种电子设备上。但是，随着电子管的广泛使用，其体积大、寿命短、价格昂贵、耗能多、易破碎等许多难以克服的缺点逐渐暴露出来，这直接影响了有关行业的发展。例如，1946 年美国宾夕法尼亚大学研制成的世界上第一台数字式电子计算机 ENIAC，它使用了约 18000 个电子管、1500 个继电器，耗电量达 150kW，占地面积 167 平方米，重量约 30 吨。

19 世纪 20 年代，量子力学的诞生使经典物理理论发生了根本性的变革。1931 年威尔逊（A. H. Wilson）进一步发展了布洛赫的能带理论，用能带理论解释了导体、绝缘体和半导体的行为特征，其中包括半导体电阻的负温度系数效应和光电导现象。后来，他又提出杂质能级概念，对掺杂半导体的导电机理做出了说明。

1945 年，第二次世界大战结束。美国的贝尔实验室决定重建原有的固体物理研究小组。其宗旨就是要在固体物理理论的指导下，"寻找物理和化学方法，以控制构成固体的原子和电子的排列和行为，以产生新的有用的性质"。1946 年 1 月，贝尔实验室固体物理研究小组正式成立，小组最初的七位专家分别来自理论物理、实验物理、物理化学、线路、冶金、工程等各方面，都是各自领域的精英，群英荟萃，集各方面人才于一堂，称得上是一组黄金搭配。而且，他们又善于吸取前人的经验，善于学习同时代别人的优点。与此同时，他们内部开展学术民主，"有新想法，有问题，就召集全组讨论，这是习惯。"他们根据各自在30年代中期之后的经验，从刚成立时起就把重点放在了硅和锗这两种半导体材料的研究上。

杰出的理论物理学家巴丁（John Bardeen）加盟贝尔实验室后不久，肖克莱（W B Shockley）便带着困惑同他谈起了自己的"场效应放大器"实验。巴丁对上司肖克莱早期的空间场效应思想未得到确证的问题颇感兴趣，经过一段时间的苦思冥想后，提出了"表面态理论"。巴丁认为，在肖克莱使用N型半导体进行的空间场效应实验中，由于半导体内部自由的额外电子来到表面时被捕获，形成了严密的屏蔽层，致使电场难以穿透到半导体内部，从而使半导体内部的电荷载流子的行为免受影响，而负电荷载流子被紧紧地束缚在半导体表面上的结果是，肖克莱预言的电场中的半导体导电性会增强的现象观测不到。听取巴丁汇报完自己的猜想后，早年曾从事过表面态问题研究的肖克莱鼓励他对表面态问题进行深入探索。于是，此后的一段时期，半导体研究小组将研究重点由场效应放大器的研制转向了半导体基础理论问题——表面态的研究。一是利用表面态这个新理论，进行一系列新实验；二是验证这个理论是否正确。巴丁同实验物理学家布拉顿和皮尔逊紧密协作，表面态的存在随后被实验加以证实。[①]

1947年9月，研究小组确认表面态效应确实存在。进一步研究后发现，在电极板与硅晶体表面之间注入诸如水之类的含有正负离子的液体，加压后会使表面态效应获得增强或减弱。因为在电极的作用下，正离子或负离子会向硅晶体表面迁移，进而增强或减弱那里的电荷载流子的浓度。当给电极施加足够的负电压后，硅晶体表面被束缚的负电荷就会同电解质中的正离子发生中和，这样，外加电场便可对硅晶体内部产生作用。表面态效应长期以来一直是导致场效应放大器实验失败的主要原因，其作用机理被阐明之后，设计、试制半导体放大器的一个重大障碍便被排除了。

---

① 周程.晶体管发明者肖克莱引发的科技管理问题思考[J].科学学研究，2008，26（2）：274-281.

　　1947 年 11 月 21 日，巴丁向布拉顿（W Brattain）提出了着手进行半导体放大器研制实验的建议。巴丁的实验设想是，将一涂有绝缘层的金属的尖端刺到硅片上，形成点接触，并在其周围注满电解质，然后通过调节加在电解质上的电压来改变点接触下方硅晶体的导电性能（即电阻），从而控制流经硅片与金属的电流。巴丁后来回忆，他建议"使用点接触完全是出于便利的考虑"。二人当天便按此思路进行了实验，并在输出回路中观测到了微弱的放大电流信号。实验初步达到了预期效果。

　　接下来的一周，巴丁和布拉顿就多个设计方案进行试验，如用锗晶体代替硅晶体，用金丝代替钨丝，用漆代替固定接触点的石蜡，并接受同事的建议，用硼酸醋作为电解质。然而，12 月初，小组在实验中遇到了难题：一方面，放大装置几乎没有电压增益；另一方面，测试装置只能在不超过 8 赫兹的超低频范围内工作，这远低于人类的听觉范围，而放大器的输入信号频率要求达到数千赫兹。

　　12 月 8 日，肖克莱与巴丁、布拉顿等人开会就实验中所遇问题的解决方案进行了讨论。巴丁提议用耐高反向电压的锗晶体取代硅晶体试一试。这种锗晶体是一种掺锡的半导体材料，普渡大学物理系的研究小组已经对这种材料做了开拓性的研究，并用于检波器生产。当天下午，巴丁与布拉顿使用锗晶体进行实验时发现，随着给硼酸酯液滴施加的负电压值的增大，电路中的反向电流也随之明显增大，而且他们还观察到输出信号的电压也随之成倍增加。两天后，布拉顿用一个特制的耐高反向电压的锗晶体做重复实验时发现，功放系数虽有较大程度的提升，但响应频率并没有获得改善。布拉顿认为，这也许是因为电解质的响应频率具有滞后性之故。因此，接下来需要做的就是如何摆脱电解质的滞后影响了。

　　1947 年 12 月 11 日，吉布尼（R. Gibney）提供了一个表面生成了氧化层（旨在替代电解质）的 N 型锗片，吉布尼在氧化层上面沉积了 5 个小金粒。布拉顿在金粒上面打了一个小洞，用钨丝穿过小洞和氧化层插入锗晶体作为一个电极，希望通过改变金粒块和锗晶体之间的电压以改变钨丝电极与锗晶体之间的导电率。布拉顿在做实验时，发现金粒与锗晶体之间的电阻很小，二者几乎形成短路，即氧化层没有起到绝缘的作用。而当布拉顿在金粒和钨丝电极加上负电压后，发现没有任何输出信号。在操作过程中，布拉顿不小心将钨丝和金粒短路，致使第一个金粒烧毁。

12 月 12 日，布拉顿在分析实验失败的原因时意识到，可能是由于沉积金粒前曾用水冲洗过锗晶片，致使锗晶体上面的氧化膜一起被冲走，从而造成金粒与锗晶体之间的短路。不过，此时已是星期五的周末时间了。

12 月 15 日是星期一。布拉顿决定在抛弃只剩下四个金粒的锗片前再试一试。他将钨丝电极移到金粒的旁边，碰巧在钨丝上加了负电压，在金粒上加了正电压，没有料到在输出端出现了和输入端变化相反的信号。初步测试的结果是：电压放大倍数为 2，上限频率可达 10 千赫。这意味着无须在锗晶体表面特意制作一层氧化膜，简单地让金粒和锗晶体表面直接接触就可获得良好的响应频率。

理论物理学家巴丁敏锐地意识到金粒与锗晶体的接触界面上已经出现了一种新的，与加电解质完全不同的物理现象。巴丁认为，在金粒电极加正电压后，注入锗晶体表面的应该是空穴，而此时流经钨丝与锗晶体之间的电流是反向的，那么随着钨丝触点与金属电极之间距离的缩小，流经钨丝与锗晶体之间的电流应该会相应增大。

据布拉顿回忆，他与巴丁讨论之后，认为"当务之急就是使分布在锗晶体表面上的钨丝触点与金属电极尽可能靠得近一些。按巴丁的简单推算，两者之间的距离不得超过 0.002 英寸"。这相当于一张普通纸的厚度。最后，实验物理学家布拉顿巧妙地采用了一种不用导线而在两个金电极间狭小的空隙中实现目的的方法。他请技师切削了一个小塑料楔，将一条金箔贴于楔的两个边缘，然后小心地用刀片切开塑料楔顶端的金箔，形成一条狭缝，将这个塑料楔置于一根弹簧上，再将塑料楔压到锗晶片上。金箔狭缝两边与锗晶体表面接触，两个点接触之间的间距小于 0.002 英寸。在 12 月 16 日进行的实验中，布拉顿用导线将新装置同电池相连接，构成工作回路。巴丁与布拉顿在其中一个接触点加上 1 伏正电压，在另一个接触点加上 10 伏负电压，此次实验就获得了 1.3 倍的输出功率增益，同时电压放大了 15 倍。在接下来的实验中发现，当输出电压放大系数下降到 4 时，输出功率的功放系数高达 450%，奇迹出现了！

一周后的 12 月 23 日，肖克莱领导的半导体研究小组使用含有这种新发明的固体放大器的实验装置为贝尔的主管领导演示了音频放大实验。这是一次没有使用电子管的音频放大实验。实验一如人们所期待的那样获得了成功。次日，又做了把点接触型晶体管当作振荡器的实验。后来，布拉顿和另一位小组成员皮尔斯将这种固体放大器命名为"transistor"。由于这种晶体管主要由两根金属丝与半导体进行点接触而构成，故被称作点接触晶体管。

由于没有被列入点接触晶体管专利发明人名单，肖克莱受到很大刺激。经过一段时间的思考之后，肖克莱于 1948 年 1 月 23 日想出了在半导体中加一个调节阀的方法。也就是说，设计一种类似于三明治结构的晶体管，这种晶体管最外两层使用性质相同的半导体材料，中间夹层使用性质完全相反的半导体材料，三根导线分别与各层相连。这样，人们便有可能通过给中间薄层施加不同的电压来调控由其中的一个外层流向另一个外层的电子或空穴的流量。由于这个中间薄层的功能与自来水管道中的阀门相似，故肖克莱把这种器件称作"半导体阀"。显然，这个中间薄层的功能与肖克莱的"场效应放大器"中的电极板相似，只是一个被平行地置于半导体表面之外，一个被拦腰置于半导体之中罢了。这种"半导体阀"的一个明显优点是：三根导线和半导体层都采用结连接。因此，可以克服点接触晶体管所具有的对震动过于敏感、性能不稳定等缺点。又经过了几年的研究和多次失败，1951 年 7 月 4 日，贝尔实验室为结型晶体管的发明举行了新闻发布会。"正是结型晶体管这个肖克莱在理论上革命性的发明，带来了半导体革命，引发了硅时代"。巴丁、布拉顿和肖克莱三人由于在晶体管的发现过程中在理论和实验方面发挥的不同作用，共同分享了 1956 年的诺贝尔物理学奖。

晶体管从无到有，这是重大发明。如果考虑更长的链条，即包括晶体管的设计、发明、生产到应用以及材料制备、制造工艺等，这些环节的组合就成为创新。[①] 鉴于许多环节以前都不曾有过，因而晶体管的横空出世可称为"根本性创新"或"突破式创新"。

贝尔实验室 1925 年成立后，便把研发的目标从电话转移到更广阔的通信领域。公司负责人和科技人员认识到，传统的电子管存在先天缺陷，无论怎么改进也难以承担未来的通信使命。根据当时的科技发展状况和通信技术积累的经验，他们认为，重视固体物理研究，着眼于新兴的半导体材料，可能会有大突破。开始这只是一种意向，要实现，必须要有大量切实的理论和

---

① 戴吾三. 晶体管诞生记 [J]. 科学，2015，67（1）：13-17.

实验研究，而且人员配备、资金投入都必不可少。正是具有战略眼光和气魄，加之雄厚的科研基础，使贝尔实验室与其他电话公司、电气公司的研发机构具有本质区别。贝尔实验室由此成为晶体管的发源地和世界半导体研发的主要中心。可见，立足专业领域、布局原始创新，应当是那些卓越的企业（组织）考虑的问题。实际上，这是需要莫大的勇气的，因为这种原始创新可能意味着对该企业自身原有技术、产业的颠覆。勇于成为自己的掘墓人，才能避免诺基亚、柯达那样被破坏性技术所颠覆的命运。

半导体研究从带有风险性的攻关课题组开始，在第二次世界大战后发展成为攻坚的团队，实施多学科专业、人才合理配对的组织协作。团队有半导体组与材料冶金组配对；半导体组内有理论物理学家与实验物理学家配对，材料冶金组内有化学家与冶金学家配对；从整体而言，还有基础研究与新产品开发应用的配对。按贝尔实验室首任总裁朱厄特（F. B. Jewett）的说法，将这些配对相互"搭焊"起来，让信息双向顺利流通，从而形成一个组织化的攻坚团队。贝尔实验室的团队模式是一种组织创新，后来对美国乃至其他国家的科研机构都有重要影响。团队及配对之间难免会有差异或矛盾，这就需要在管理上加以沟通和协调，关键是上层要营造出创新环境，激励大家一起向大目标努力。贝尔实验室制定了大学式的研究环境政策，科研人员获得发明专利后的成果都允许在一定范围内的刊物上发表或在学术会议上交流。贝尔实验室的房间设计专门采用了可调节和组合的间壁结构，以便按研究需要调整房间的结构和大小。正是有了如此适于创新的环境，围绕晶体管的创意才层出不穷，成果不断涌现。可见，团队配对协作、营造创新环境，这是创新所必不可少的条件。

晶体管发明之后，贝尔实验室并没有因为已达到既定目标而减慢步伐，而是加快研究晶体管在通信和控制系统中的用途，并对单晶材料及制造工艺的研究加大投入，以期实现质优价廉的批量生产，以及进一步向其他方面（集成电路、光通信元器件等）扩展。可以说，没有半导体材料的提纯和生长单晶以及掺入杂质的技术，高性能的晶体管就不可能诞生；没有硅氧化物掩膜、电路图印刷、蚀刻和扩散技术，平面式晶体管和集成电路也不可能实现，微电子技术的发展更无从谈起。为加快晶体管的推广应用，贝尔实验室又开发了导线和引线的热压接合技术、外延生长技术和分子束外延技术等。之后，贝尔实验室研制成功世界上第一台晶体管计算机，而模拟式通信向数字化通信的转变也在此起航。这一进程向世人展示了产研密切结合的重要性。而事实上，单纯的研究导向的组织（如大学、基础型的科研院所）大多以基础研究、应用性基础研究为主要业务，很难像贝尔实验室那样对应用和开发研究做如此大规模投入。而产业化导向的研究型组织（如企业附属的研究院所、独立的产业化研究院所）往往能够将纯理论和纯实践进行结合，将技术发明推向大规模产业化。

第五节
技术创新的归宿

　　技术创新究竟能够给人类社会带来什么样的福音？对于这个问题，有学者是持怀疑态度的。姑且不论那些看起来就让普通人心生厌恶甚至避之不及的技术创新成果，例如原子弹、机关枪、毒药，就是那些第一眼看起来让人愉快的创新成果，也有可能在事实上束缚了人类的手脚，而不是赋予人类更大的自由。

　　例如，农业革命使人类获得了小麦、水稻、土豆等稳定的食物来源，然而人却因此被束缚在了固定的土地上，并且原本多样化的食物来源变得单一化。有学者认为，这导致了人类的健康状况不是改善而是恶化。因此，这种技术创新实际上降低了人类的幸福指数。①

　　另一个例子就是电脑、互联网和智能手机。信息化时代极大地丰富了我们的体验，使人类获取知识、生产知识和运用知识的能力取得了前所未有的爆炸式的增长。然而，另一方面，走在马路上的低头族（埋头看手机的人）越来越多，颈椎病、腰椎间盘突出、视力下降的现象也前所未有地普遍起来。我在上海大学的同事就有好几个因为离不开电脑和手机而患上腱鞘炎、颈椎病，不得不求助于上海最好的医院的顶级专家，有的甚至还做了手术。

---

① 尤瓦尔·赫拉利.人类简史[M].北京：中信出版社，2014.

这样看来，那些持"技术创新实际上弊大于利"观点的学者所提出的论据似乎无可辩驳。

然而，与之相对地，我们可以发现，正是由于接踵出现的技术创新，人的经历比起过去显得越来越多样化。由于纺织技术的进步，我们可以在盛夏的海边穿上清凉的短裤和比基尼，而在大雪纷飞的寒冬穿上轻便透气的羽绒服。由于饲养、耕作和食品制作技术的发展，我们可以尝到麻辣的川菜、清爽的寿司、丰盛的火鸡宴。由于建筑材料和工程技术的飞跃，我们可以住在冬暖夏凉的房子里。由于机械制造、材料、电子通信、计算机等多种技术的升级，我们如今拥有了更适合出行的 SUV（运动型实用汽车）、高速火车、大型超音速飞机和邮轮（未来可能还有商用火箭和商用宇宙飞船）。人类的经历变得前所未有的丰富。一个小孩在三岁之前所看到、听到、用到的物品数量，可能是一个唐朝皇帝一辈子经历过的十倍甚至百倍。因此，我们可以说，由于技术的发展，用生理学指标（比如多巴胺浓度）衡量的人的精神愉悦程度比我们的原始祖先的确是可能降低了，但是人的体验却极大地丰富了。

正因如此，当我们把"生活在原始社会还是生活在现代社会"这道选择题放在现代人面前的时候，不用怀疑几乎所有人的选择会是后者。尽管生活在现代社会可能让人每天都会因缴纳水电煤气费、面对上司的高压冷眼和同事的钩心斗角而心烦不已，人类还是愿意忍受这一切，并在一个无所事事的夜晚，捧着爆米花和可口可乐，像"葛优躺"一般地半躺在席梦思床上，看着对面 52 英寸液晶电视里面的喜剧明星傻乐。

当我们把技术创新的成果与马斯洛的需求层次理论进行对照的时候，我们就会发现：第一层面的需求，也就是生理需求，已经在人类的解放体力的创新浪潮中基本上满足了。石器和火的出现，基本上解决了人的生存问题，使人在酷热的夏天和严寒的冬季能够获得足够的食物和水。从第二层面往上的需求主要是精神需求，人们用以四大发明、光和电、半导体等为代表的技术创新来满足这些需求。不可否认的是，人类社会——至少是具有相当发展水平的人类社会——已经摆脱了食不果腹、衣不蔽体的阶段，更多地考虑精神层面的需求。

人类早已脱离了农业社会阶段，依次进入工业社会、后工业社会、信息社会。后来的技术创新，不论是飞机、火箭，还是彩电、冰箱，都是为了更多地满足人的精神需求（冰箱的功能主要是为了满足人们在炎炎夏日也能吃上雪糕这个精神需求而不是活下去的生理需求）。甚至新近出现的性爱机器人，也是为了满足人的猎奇心理，而不是真正要去满足基本的性生理需求。

从这个意义上说，人的体验主要是精神层面的，而非物质层面的。正是五花八门的技术创新成果满足了人们的多种多样的精神需求，从而丰富了人的体验，为人类登上新的阶梯而铺平了道路。

今天，人的工作、生活节奏越来越快，大脑使用的频率和强度都越来越超出四肢和躯干。有人类学家认为，这是生物进化的丧钟。有朝一日，人类的外表看起来就像是一个加强版的外星人 E.T. 一个硕大的脑袋，加上一个豆芽菜般的躯干。也有可能，在不久的未来，芯片植入大脑就将变成现实，就像电影《黑客帝国》（*Matrix*）所描述的那样，人脑的功能得到了极大的加强。

更进一步，有朝一日，或许人会实现虚拟的存在，就像科幻小说《时间移民》所描述的那样，每个人成为网络中的一个信号、一个脉冲，不再有躯干四肢，不再有眼睛耳朵，连大脑都不需要了。为什么会有人选择虚拟的存在？真实的、有血有肉的存在不是更好吗？或许，虚拟存在的体验是压倒现有的真实存在的所有体验的。正因如此，有可能人类——或者是一部分人——会做出那样的选择。至于那种选择有什么风险，可能产生什么糟糕的后果，那就不是我们现在能够考虑清楚的了。但是我们应当相信——或者说愿意相信，那时的人类能够做出全方位的正确的评估和选择。最终，人类会不会只剩下意识，漫游在空间和时间，就像阿瑟·克拉克的《太空漫游》所描述的那样？我们不得而知。在这条通往未来的道路上，有太多的可能，太多的不确定性。每一次创新，都有可能把我们引向一个未卜的前途。

第三章

科学的脚步:
暗夜中舞动的精灵

第一节
科学启蒙：走出中世纪的黑暗

总的来说，创新的科学时代比技术时代来得晚一些。人类学会用石斧、石刀是几百万年前的事，学会用火也是在几万年前。然而，为什么石斧、石刀能够产生比手掌、手臂更大的力量？为什么火能够把东西加热、烤熟乃至烧焦？这些问题都太理论化，远没有实用效果来得重要。

人是实用主义的动物，也就意味着功利性始终占据着我们的内心。时至今日，企业家也总是把一句话挂在嘴上："不要跟我谈什么理论，我只关心结果。"不过，实际情况是：如果不去思考理论问题，那么很多事情就压根儿没法完成。而理论问题的阐明，恰恰是科学的任务。

在人类文明的早期，大多数人的确不关心理论问题，对科学研究缺少兴趣，也没什么概念。不过，在2000多年前的古希腊文明时代，经济生活高度繁荣，科学和技术一度达到相当发达的水平。就有那么一些人，对于纯理论问题情有独钟。那一时期的科学和技术很难分开，事实上，科学、技术问题和哲学问题相当紧密地联系在一起。很多问题，既是科学问题，又是哲学问题。当时的哲学家柏拉图（Plato）写下的哲学对话录，就既包括了获得知识的方法，也包括了伦理学、形而上学、推理等概要的观点。在他看来，知识只能通过沉思、冥想、推理而获得。

柏拉图的学生亚里士多德（Aristotle）认为分析学或逻辑学是一切科学的工具。他是形式逻辑学的奠基人，他力图把思维形式和存在联系起来，并按照客观实际来阐明逻辑的范畴。亚里士多德研究了推理，认为推理是通过前提得出必然结论的逻辑形式。他提出的直言三段论是一个比较完整的演绎推理理论，是一个初级的公理化系统。亚里士多德把他的发现运用到科学理论上来。作为例证，他选择了数学学科，特别是几何学，因为几何学当时已经发展到了具有比较完备的演绎形式的阶段。亚里士多德还曾提出许多数学和物理学的概念，如极限、无穷数、力的合成等。

实际上，古希腊涌现了不少杰出的数学家，例如丢番图、欧几里得、阿基米德。而数学的发展在很大程度上的确是依靠推导、冥想。想想看，"直角三角形的两条直角边的平方和等于斜边的平方"，这样的理论创新并不是来源于木匠们的长期实践，而是根据直角三角形固有的特性，运用数学原理而推演出来的。这样看来，柏拉图和苏格拉底的观点至少在那个时代是正确的。实际上，古希腊的确成为演绎几何学、形式逻辑和第一原理的形而上学的发源地，这也使其成为现代科学思想的发祥地。

然而，与柏拉图相比，亚里士多德更像一个经验主义者。柏拉图认为理念是实物的原型，它不依赖于实物而独立存在；亚里士多德则认为实物本身包含着本质。柏拉图断言感觉不可能是真实知识的源泉；亚里士多德却认为知识起源于感觉。此外，他还发现，通过系统的实验，可以找出事物的因果关系。因此，他很重视从感观获得知识。所以，我们称亚里士多德为一个早期的唯物主义者也不为过。

不幸的是，漫长而黑暗的中世纪，消磨了人们的意志，古希腊、古罗马时代遗留下来的科学精神损失殆尽。"科学只是教会的恭顺的婢女，它不得超越宗教所规定的界限。"为数不多的科学家遭到了基督教教廷的迫害。哥白尼，布鲁诺，希帕提娅，赛尔维特，西克尔……宗教的压制，使得科学上的创新几乎丧失了所有的可能性。"学术研究已经在我们中间死去"。在这个黑暗沉闷的时代，尽管在生产生活的各个领域，技术进步仍然或多或少地发生，然而科学却受到宗教强有力的束缚，几乎陷入停滞不前的境地。

不过，即使是在那样的黑暗日子里，人类的科学创新也并不是一无所获。在数学领域，意大利人斐波那契（Leonardoda Fibonacci）在他的以翻译阿拉伯人的作品为主要内容的《算盘书》中，向欧洲人介绍了印度——阿拉伯数字，也就是印度的计数体系（阿拉伯数字其实是来源于印度，因此更加准确的说法应该叫印度数字）。尽管与希腊的计数体系产生了竞争，印度体系还是占据了上风，并被许多数学家所广泛采用。可见，"引进—消化—吸收"的创新模式，早在中世纪也已经被欧洲人采用了。

在历法方面，1582 年，罗马教皇格里高利十三世把儒略历 1582 年 10

月 4 日的下一天定为 10 月 15 日，中间消去了 10 天。同时规定：凡公元年数能被 4 整除的是闰年，但当公元年数后边是带两个"0的"世纪年"时，必须能被 400 整除的年才是闰年。这样一来，基本上把自恺撒、屋大维以来采用的历法所积累的误差消除了。历法的这一创新，对人类的生产生活产生了重大的影响。至少，大家对什么时候举办新年音乐会、什么时候放小长假、什么时候亲朋好友过生日、什么时候参加中考高考都没有异议了。

炼金术（Alchemy）是中世纪的一种化学哲学的思想和始祖，是当代化学的雏形。炼金术是起于 12 世纪欧洲的一个名字。到公元 8 世纪，炼金术真正开始了。炼金术士相信，炼金术的精馏和提纯贱金属，是一道经由死亡、复活而完善的过程。西方的不少国王，如英国国王亨利六世、法国国王查理七世等，也跟中国古代的秦始皇、汉武帝一样，一心希望通过炼金术使自己达到长寿永生。然而，这一技术逐渐演化为一门独立的学科，还是要拜许多学者所赐。例如，罗杰·培根（Roger Bacon）就宣称："炼金术是诸多认识世界的方法之一。"还有后来的艾萨克·牛顿（Isaac Newton）、罗伯特·波义耳（Robert Boyle），逐渐去除了炼金术中的神秘学思想，指出："化学，……必须像物理学那样，立足于严密的实验基础之上。"化学，作为炼金术的不断创新的结果，逐渐浮出了水面。

谈到牛顿，就不能不提到他在光学领域的成就。他用三棱镜研究日光，得出结论：白光是由不同颜色的光混合而成的，不同波长的光有不同的折射率。在可见光中，红光波长最长，折射率最小；紫光波长最短，折射率最大。这一重要发现成为光谱分析的基础。在他的著作《光学》一书中，他还详细阐述了光的粒子理论，成为光的粒子理论的创立者。然而，早在牛顿之前近 100 年，近代光学的奠基者，德国人开普勒（Johannes Kepler），就已经研究过光的折射问题，提出了光线和光束的表示法，并阐述了近代望远镜理论。他甚至发明了开普勒望远镜。公平地说，牛顿的光学研究成就，在很大程度上是建立在开普勒等人研究的基础上的。

在那样黑暗的日子里，最重要的科学创新来自于天文学、力学。在 1515 年以前撰写的一份手稿中，波兰的哥白尼（Nicolaus Copernicus）就指出：太阳是宇宙的中心，地球绕自转轴自转，并与五大行星一起绕太阳公转；只有月球绕地球运转。然而，作为一个虔诚的天主教徒，他深知自己的理论与基督教义、托勒密的地心说理论格格不入，因此迟迟不能下决心把研究结果公之于众。直到 1543 年，他在弥留之际，在朋友的劝导下，他才把《天体运行论》付梓。1543 年 5 月 24 日，他在病榻上收到出版商从纽伦堡寄来的《天体运行论》样书，他只摸了摸书的封面，便与世长辞。能够公布这一科学创新的成果，却又是在这么晚的时间点，这是他的不幸，却也是世界的万幸。接下来，意大利的布鲁诺（Giordano Bruno）被罗马的宗教裁判所裁定为"异端"，烧死在罗马的鲜花广场。他也因此常常被人们看作近代科学兴起的先驱者、一位捍卫科学真理并为此献身的殉道士。[①]

后来，开普勒发现了行星运动的三大定律：轨道定律、面积定律和周期定律。意大利人伽利略（Galileo Galilei）则用望远镜观察天体，得到了大量的成果。他发现所见恒星的数目随着望远镜倍率的增大而增加；银河是由无数单个的恒星组成的；月球表面有崎岖不平的现象；木星有四个卫星（其实是众多木卫中的最大的四个）。他还发现了太阳黑子，并且认为黑子是日面上的现象。根据他的观测结果，他反驳了托勒密的地心体系，有力地支持了哥白尼的日心学说。伽利略既是勤奋的科学家，又是虔诚的天主教徒，深信科学家的任务是探索自然规律，而教会的职能是管理人们的灵魂，不应互相侵犯。事实上，他多次前往罗马，拜见教皇，力图说明日心说可以与基督教教义相协调，说"圣经是教人如何进天国，而不是教人知道天体是如何运转的"；并且试图以此说服一些大主教。可惜他的努力毫无效果。教皇保罗五世在 1616 年下达了著名的"1616 年禁令"，禁止他以口头的或文字的形式保持、传授或捍卫日心说。可伽利略是不屈服的。1632 年，他的《关于托勒密和哥白尼两大世界体系对话》一书面世，笔调诙谐，对教皇和教会进行了调侃。这激怒了教会。宗教法庭把伽利略传到法庭，宣判他有罪，并责令他忏悔，放弃自己证明了的学说，禁止《对话》流传。直到 300 多年后的1979 年，罗马教皇才不得不在公开集会上宣布：对伽利略的宣判是不公正的。

可见，自从有了人类历史以来，在宗教、信仰、权威的面前，创新，尤其是科学的创新之路总是那么艰难。相比于技术创新，科学创新往往从更深层面撼动了传统的意识观念、社会形态，从而可能对既有的社会阶层、利益

---

① 　这件事目前还存在争议。例如，有人指出，布鲁诺并不是因为哥白尼的日心说而死的，一个证据是，在他被烧死时，罗马教会根本还没有查禁哥白尼的《天球运行论》。

分配、权力系统产生影响甚至是颠覆，因此也更容易遭到既得利益者的抵制甚至迫害。时至今日，在不同的场合，不同的背景，各种权威（包括学术权威、政治权威）也总是以这样那样的名义对科学创新进行压制。尽管如此，地火在地下的奔突、运行是不容易被完全阻止的。科学创新的脚步从来都不会被权威所羁绊。

15世纪末16世纪初，意大利的列奥纳多·达·芬奇（Leonardo di ser Piero da Vinci）在工程技术、物理学、生理学、天文学方面的思想都具有划时代的意义。他提出了连通器原理，发现了惯性原理；他得出了摩擦力的定义，发现了杠杆的基本原理，重新证明了阿基米德所得到的学过流体静力学结论；它设计了水下呼吸装置、风速计、陀螺仪、飞行器，甚至机器人的雏形；他还认为地球只是一颗绕太阳运转的行星，太阳本身是不运动的。达·芬奇可以说是古代科学创新和技术创新的一位集大成者。事实上，经过许多科学家的努力，到16世纪，在天文学和力学方面，人类已经积累了丰富的资料。

接下来，伽利略最早对动力学进行了定量研究。他对物体的自由下落运动做了细致的观察，并且在比萨斜塔上做了那个著名的自由落体实验。在今天的人看来，拿起两个大小不一样的铅球（或者别的任何不一样质量的东西）让它们从高处落下来，似乎没什么大不了的。然而在伽利略那个时代，这意味着对原有认知的彻底颠覆，完全称得上是颠覆式创新。伽利略对实验的重视，恰好继承了亚里士多德的衣钵，打破了宗教对人们思想的禁锢。正是由于他第一个把实验引进力学研究，并且深入的研究了重力、速度、加速度等基本概念，经典力学的基础才得以奠定。具有讽刺意味的是，正是对亚里士多德的实验主义的继承和发扬，伽利略的研究成果——重力加速度对所有物体是恒定的——推翻了亚里士多德的"重物比轻物下落快"的理论。

作为同时代的人，伽利略和开普勒分别发现了地上物体运动的三个力学定律和天体运动的三个力学定律。得益于此，并综合了哥白尼等人的成果，艾萨克·牛顿实现了天上力学和地上力学的综合，形成了统一的力学体系。在1687年出版的《自然哲学的数学原理》一书中，他阐述了其后200年间都被视作真理的三大运动定律。牛顿把天体和地球统一起来，结束了自古以来的无休止的宇宙学争论，向人们展示了一个崭新的世界。此外，在开普勒、雷恩、胡克、惠更斯等科学家研究的基础上，牛顿还得出了万有引力定律，哈雷彗星的发现、地球扁平形状的发现、天王星和海王星的发现，都证明了万有引力定律的正确性。

　　有人评价牛顿是有史以来最伟大的科学家，没有之一。牛顿自己却说："我好像是一个在海边玩耍的孩子，不时为拾到比通常更光滑的石子或更美丽的贝壳而欢欣鼓舞，而展现在我面前的是完全未探明的真理之海。"在今天的大多数人看来，牛顿几乎是凭借一己之力，做出了近代力学史上最大的科学创新。不过事实并非如此。牛顿自己也说："如果我看得更远一点的话，是因为我站在巨人的肩膀上。"他的科学创新，包括数学方面的微积分的发明、力学三大定律的发现、光的色散现象和光的粒子理论，都是建立在前人的成果的基础上的。因此，可以说是渐进式创新，而不是突破式创新。即便如此，牛顿作为科学巨人的地位也是无法撼动的。由此可见，渐进式创新并非无关紧要。恰恰相反，一次小小的渐进式创新，也很有可能给人们带来一场认识、理念上的根本性的革命。

　　中世纪末期，封建制度逐步解体。在意大利的商业贸易中心佛罗伦萨，最早兴起了以弘扬人文主义为核心的文艺复兴运动。文艺复兴不只是一场复兴古典文化的运动，更是一场新时代的启蒙运动。在绘画、文学、雕塑、建筑等各个领域，歌颂人性、倡导自由、弘扬人权的新思想、新潮流不断涌现。

　　与此同时，新时代日益深入人心的人文主义思想，力图将人从神的统治下解放出来。在1517年，德国教士马丁·路德（Martin Luther）提出了新教学说，主张信仰高于一切。唯有人心中有信仰，才能得救。路德以宗教的语言，表达了那个时代人们心中自由、平等的观念，在基督教世界播撒着人文主义精神的种子。

　　从1271年，意大利人马可·波罗（Marco Polo）跟着父亲和叔叔沿陆路去东方旅行开始，欧洲商人就陷入了对东方文明、东方财富的狂热追逐。出生于意大利热那亚的克里斯托弗·哥伦布（Christopher Columbus）在葡萄牙碰壁，甚至妻子都离开了他。但是他坚持不懈，终于得到西班牙王室的资助，于1492年开始西航计划，共进行四次，发现了北美大陆和南美大陆，但他至死都始终认为自己找到了亚洲大陆。虽然哥伦布的西航没有达到其功利性的目的，但是空前的激发了欧洲人的探险精神和想象力。后来的意大利探险家亚美利哥·维斯普奇到达美洲大陆，作了详细考察，并且向世界宣布了新大陆的概念，一下子冲垮了中世纪西方地理学的绝对权威普多列米制定的地球结构体系。后来，新大陆也以他的名字命名。1497 年，葡萄牙人瓦斯科·达·伽马（Vasco da Gama）率领四艘船离开里斯本，开始探索由非洲到印度的航路，并成功的到达印度西海岸。像哥伦布一样，在葡萄牙郁郁不得志的费迪南德·麦哲伦（Ferdinand Magellan）于 1517 年来到西班牙，立志完成哥伦布当年没能完成的事业：从西面达到真正的东方。1521 年，麦哲伦船队横渡了太平洋，来到菲律宾。尽管麦哲伦试图征服这里的土著居民，并最终客死他乡，但是最终仍然有 18 名船员驾驶着一艘"维多利亚"号返回了欧洲。地理大发现的这些先行者们，不管他们的利益动机是什么，客观上都极大地推动了人们对客观世界认识的加深，并促使欧洲人重新审视自己传统的世界观，从而对原有的以天主教为主导的世界体系重新认识。

在以上这些因素的驱使下，以牛顿为代表的科学家们，从数学、力学、光学、天文学等领域对传统理论发起了冲击。尽管在今天看来，他们的理论平淡无奇，其中许多理论甚至已经是顽童们的常识，但是在他们那个时代就像晴天霹雳。科学研究的先行者们，就这么一步一步缓慢地、然而坚定地向前推进。每一点微小的进步，都意味着与真理更接近了一步。量变引起质变，直到最后捅破窗户纸的那一个理论出现。从理论发展的沿革来看，最后那一步只能称得上是渐进式创新；但是从效果来看，却无疑是一大革命。

牛顿、开普勒、伽利略、达·芬奇等人都是不折不扣的知识渊博的智者。据说牛顿的智商达到 290（可是他性格腼腆，羞于向女孩表白，终身未婚未育）。他们不仅术业有专攻，而且涉猎广泛，可以称得上是真正的博学之士。

人类文明发展的进程是如此之快，仅仅 300 多年过去，学科的细分就已经达到相当的程度。不光是数学、物理学、光学、天文学之间鸿沟高深，就算在纯物理学内部，也产生了经典力学、热力学和统计力学、电磁学、相对论、量子力学等分支。在今天的大学校园里，一个电磁学专家碰到一位经典力学高手，两个人就一个问题展开讨论，就已经很难碰撞出高山流水那样的心有戚戚焉的感觉，更有可能的，彼此会觉得是对牛弹琴。小学科尚且如此，能够跨越大学科、通晓多门学问的真正的"博士"就更难出现了。因此，今天的科学创新，已经越来越深入到各个小学科的内部。试图横跨多学科的大范围意义上的创新，已经是难上加难。举例来说，物理学界长期以来试图建立统一场论，可是到目前为止还看不到取得突破的希望。诚然，要在多个细分学科都具有相当高深的造诣，对一个学者的要求比他在 300 年前的前辈要高得多。人的时间和精力是有限的。尽管人的智力水平也在不断地刷新纪录，仍然难以赶上学科深奥程度的迅速增加。如果我们用一个分式来表示博学者出现的可能性：人的智力水平 / 学科深奥程度，那么也许我们能更明显的体会，分子的增加速度远远赶不上分母的增加速度。这也使得博学者的出现在今天变得越来越难。

中世纪的中后期到文艺复兴的早期，见证了人类认识自然历史的第一次大飞跃和理论大综合。阿拉伯数字的引入和微积分的创立，光的色散的发现，化学研究的进步，牛顿经典力学定律的横空出世，日心说的一波三折的确立……所有这些新发现，都不断刷新着人们的认识。大量的科学创新不断涌现，使人们的思维经历着一次又一次天翻地覆的革命。头脑中已有的曾经貌似坚不可摧的大厦一次又一次的崩塌、重建、崩塌、重建……一个新的时代得以开辟，并对科学发展的进程以及后代科学家们的思维方式产生了深远的影响。

第二节
爆发前的地火：电磁学

电磁学的进步，在科学发展史上具有突出的典型性。18 世纪的欧洲，经历了文艺复兴的热潮，刚刚走出中世纪的蒙昧，世界迫切的呼唤着思维方式的新突破。电磁学方面的进步来得正是时候。

1733 年，法国人杜菲（Charles Francois de Cisternay du Fay）就发现电有两种：松香电和玻璃电。而且，这两种电是同性相斥、异性相吸的。之后不久，莱顿瓶——一种简单的电容器被发明出来。这样一来，电学研究者总算有了可靠的能够储存电荷的装置了。借助莱顿瓶，美国人富兰克林用著名的风筝实验证明了天上的电与人间的电是一回事，并且发明了避雷针。

1777 年，法国物理学家库仑（Charles-Augustin de Coulomb）通过研究毛发和金属丝的扭转弹性而发明了扭秤。后来，他用扭秤推导出了两个静止电荷间相互作用力与距离的平方成反比的规律，后来被称为库仑定律，而具有特殊意味的是，这一发现是从牛顿的万有引力定律得到启发的。从数学公式的表达上就可以看出来，这两个定律长得就像孪生兄弟。

事实上，这种"模仿式创新"不仅发生在技术创新领域，在科学创新领域也屡见不鲜。库仑可以把力学、电磁学之间的边界打通，牛顿把力学与天文学之间的边界打通，都得到了举世瞩目的成果。进一步推广，在科学幻想领域，类比的方法可以应用的范畴就更广泛得多了。刘慈欣，一位中国的科幻作家，尝试着把天文学与社会学之间的边界打通，把"Where is everybody？"这个费米悖论用社会学和博弈论进行解释，从内心深处撼动了无数的科幻读者。这种通过严密的推导获得的科幻成果，可以说是当之无愧的突破性的创新，也帮助刘慈欣获得了雨果奖。

正如何晓阳所说："我们人类现在科学越来越发达，但是学科的分类也越来越垂直，很少有人能够从更高的高度去描述学科之间的联系，在学科与学科之间的交界处，出现了明显的断层，有些还有明显的不相容。"因此，今天的科学研究，迫切的需要跨界创新、交叉创新、模仿创新。

1780 年，意大利的一位医生伽伐尼（Luigi Galvani）在解剖青蛙时，把蛙腿剥了皮。当他用刀尖碰到蛙腿上外露的神经时，蛙腿剧烈地痉挛，同时出现了电火花。死蛙运动！1800 年，另外一个意大利人伏打（Alessandro Giuseppe Antonio Anastasio Volta）发明了电堆。电堆能产生持续、稳定的电流，它的强度的数量级比从静电起电机能得到的电流大，这也是世界上第一个真正的电池。一场真正的电学革命因此得以开始。

到目前为止，电学的发展还是在孤单的轨道上独自前行。磁学这一孪生兄弟只是偶尔插队进来做做鬼脸，还没有正式地加入这一行列。尤其是，自从库仑提出电和磁有本质上的区别以来，很少有人再会去考虑它们之间的联系。可是，丹麦人奥斯特（Hans Christian Oersted）一直相信电、磁、光等现象相互存在内在的联系，尤其是富兰克林曾经发现莱顿瓶放电能使钢针磁化，更坚定了他的观点。

在 1820 年 4 月奥斯特进行的一次讲座中，当伽伐尼电池与铂丝相连时，靠近铂丝的小磁针摆动了。这没有引起听众的注意，而奥斯特注意到了这一不显眼的现象，非常兴奋。他接连三个月深入的研究，终于在 1820 年 7 月宣布：在通电导线的周围，发生了一种"电流冲击"，这种冲击只能作用在磁性粒子上，对非磁性物体是可以穿过的。磁性物质或磁性粒子受到这些冲击时，阻碍它穿过，于是就被带动，发生了偏转。虽然这种解释不完全正确，但是毕竟证明了电和磁能相互转化。从此，电学和磁学这一对孪生子终于走到了同一个发展轨道上。物理学的一个新领域——电磁学——被开辟了。

从奥斯特的电磁效应实验可以看到，重要的科学发现往往只眷顾那些有心人。这个"有心"有两层含义：一是当事人心中一直对某个问题悬而未决、心有不甘；二是当事人是一个善于观察、关注细节的人。我们一直强调关注细节，可是这一品质能够产生什么样的效应？我们很少进行正面的说明。

"事出反常必有妖"。这句话并不总是贬义的。伟大的科学发现，往往和细节的反常联系在一起。实验过程中出现反常的细节可能有两种：与常识相反，或者与过去的实验结果相反。这种现象的出现无非可能有几个原因：一是常识错了；二是观测的过程和方法出错了；三是细节当中蕴含着新的原理，从而可能导致新的发现和新的理论的诞生。可惜的是，大多数人（包括一些卓越的科学家）也经常犯错，认为反常的出现往往归咎于第二种原因。这样一来，他们就与做出科学创新的机会擦肩而过了。只有那些不相信传统、不迷信权威、不漏过任何一个细节的真正卓越的学者，才能见微知著，把握每一个机会，从细微的变化深入挖掘下去，获得出色的研究成果，为科学的创新再次书写浓重的一笔。

奥斯特的实验立刻引起了法国人安培（André Marie Ampère）的注意，使他长期信奉库仑关于电、磁没有关系的信条受到极大震动，他全部精力集中研究，仅仅两周后就提出了磁针转动方向和电流方向的关系及著名的右手定则的报告，也就是安培定则。紧接着，他又提出了电流方向相同的两条平行载流导线互相吸引、电流方向相反的两条平行载流导线互相排斥的命题。后来，安培做了关于电流相互作用的四个精巧的实验，并运用高度的数学技巧总结出电流元之间作用力的定律，描述两电流元之间的相互作用同两电流元的大小、间距以及相对取向之间的关系。后来人们把该定律称为安培定律。这个定律与库仑定律很相似。安培的工作已经非常出色了，但是他仍然写道："奥斯特先生已经永远把他的名字和一个新纪元联系在一起了。"的确，1820年4月奥斯特发现的电磁效应是科学史上的重大发现，它立即引起了那些懂得它的重要性和价值的人们的注意。在这一重大发现之后，一系列的新发现接连出现。说奥斯特的科学创新揭开了物理学史上的一个新纪元是毫不为过的。

在此之后，毕奥（Jean-Baptiste Biot）、欧姆（Georg Simon Ohm）等许多学者先后为推动电磁学的发展和创新做了出色的工作。不过，最重要的两个推动者毫无疑问是法拉第和麦克斯韦。

作为一个铁匠的儿子，法拉第（Michael Faraday）没有得到多少正规教育。幸运的是，他在21岁时聆听了化学大师戴维的四次演讲，并勇敢地向戴维自荐，得到了大师的认可和接受。从此，他得以成为戴维的助手，迅速地成长为一名出色的学者。

1821年9月，法拉第重复了奥斯特的实验，他将小磁针放在电流导线周围的不同地方，发现小磁针的磁极受到电流作用后，有沿着环绕导线圆周旋转的倾向，这比奥斯特的实验前进了一步。据此法拉第还做出了一种磁旋转器。1822年，法拉第在日记中写下："磁能转化成电。"围绕这么简单的一句话，他对此进行了长达10年的系统的探索，进行了无数次实验。在工作日记中，他写下了大量的毫无结果的失败记录，也记载了科学预见的光辉思想。法拉第坚持写工作日记几十年，百折不回，持之以恒，直到生命的终结，这在科学史上也是少见的。

从1831年8月到10月，法拉第把研究重心从"稳态"转移到"暂态"上。他用不同数量、不同形状的导线进行组合，用不同形式的运动来尝试产生电流，终于得到了"磁生电"的研究成果。11月，法拉第在一篇论文中概括了能产生感应电流的几种情况：正在变化的电流；正在变化的磁场；稳恒电流的运动；导体在磁场中运动。他将上述现象命名为"电磁感应"。至此，法拉第做出了科学史上的伟大创新——揭示电磁感应规律。这为后来发电机的出现奠定了基础。人类社会跨入了电气化时代。

实际上，在同时期的地球上，进行"磁生电"探索的并不是只有法拉第一个人。俄国的楞茨、法国的安培、瑞士的德拉里夫及其助手科拉顿、美国亨利都或多或少地做了这方面的工作。可惜的是，他们都与这一创新成果擦肩而过。最可惜的是安培，他已经观察到在通电瞬间悬挂线圈曾有偏转产生，但他并没有抓住"暂态"这一关键，真理从他手中溜走了。这又一次证明，在科学创新的过程中，对于细节的把握是多么的重要。法拉第的成功之处，在很大程度上归因于他比别人更加敏锐的洞察力。

不仅如此，法拉第还具有深邃的直觉和非同寻常的想象力。他从大量的实验中构想出描绘电磁作用的"力线"图像，提出了电力线、磁力线的概念。并且，他第一次提出了"场"的思想，建立了电场、磁场的概念。"场"概念的提出，是物理观念上的一次划时代的革命性创新，极大地丰富了人类对客观世界运动规律以及物质形态多样性的认识，为当代物理学的许多进展铺平了道路。法拉第对数学几乎是一窍不通，但是他的深邃的哲学思想、敏锐的洞察力和持久思考的能力，不仅弥补了数学能力的不足，反而为他用简单易懂的语言来描绘"场"这样简明优美的概念提供了优势。

将法拉第的成果发扬光大的，是英国人麦克斯韦（James Clerk Maxwell）。与精于实验研究的法拉第不同，麦克斯韦擅长于理论分析、数学推导。他抱着给法拉第的理论"提供数学方法基础"的愿望，决心把法拉第的天才思想以清晰准确的数学形式表示出来。1856 年，24 岁的麦克斯韦发表了论文《论法拉第的力线》。1862 年、1864 年，他又发表了两篇论文。终于，在 1873 年他的专著《电磁通论》中，他系统、全面、完美地阐述了电磁场理论，用简洁、对称、完美的数学形式表示出来，得到了电磁场的普遍方程组——麦克斯韦方程组，这也是经典物理学的支柱之一。

麦克斯韦方程组把电荷、电流、磁场和电场的变化用数学公式全部统一起来了，说明：变化的磁场能够产生电场，变化的电场能产生磁场，它们将以波动的形式在空间传播。因此，麦克斯韦预言了电磁波的存在，电磁波只可能是横波，并且推导出电磁波传播速度就是光速，因此他也同时说明了光波就是一种特殊的电磁波，从而揭示了光现象和电磁现象之间的联系。这样，麦克斯韦方程组的建立就标志着完整的电磁学理论体系的建立。《电磁通论》之于电磁学，就像牛顿的《自然哲学的数学原理》之于经典力学。

在科学探索的道路上，数学发挥着无可替代的重要作用。从本质上讲，科学研究就是将万事万物进行量化的过程。发源自古希腊的科学精神，主要采取的思想就是"分析"——一分为二，二分为四，四分为八……将每个观察的个体进行细分、细分、再细分，从而探索事物的本质。这就需要数学工具的大量应用。

法拉第是实验大师，有着常人所不及之处，但欠缺数学功力，所以他的创见都是以直观形式来表达的。这是他的局限，也是为什么当时大多数科学家对法拉第的学说不能接受的原因。麦克斯韦精通数学，他用精确的数学语言把实验结果升华为理论，用数学完美的形式使得法拉第的实验结果更加和谐美丽，显示了数学的巨大威力。尤其是，麦克斯韦比以前更为彻底地应用了拉格朗日的方程，推广了动力学的形式体系。这一尝试是电磁学研究的一大方法创新。

然而，由于没有实验的验证，麦克斯韦理论在当时得不到大多数科学家的理解，他也得不到应有的荣誉和认可。更糟的是，家庭生活的不幸和困难，使他劳累和焦虑，健康状况迅速恶化。麦克斯韦去世时年仅48岁，令人扼腕。仅仅不到十年之后，德国人赫兹就用实验证实了电磁波的存在，全面验证了麦克斯韦的电磁理论的正确性。麦克斯韦终于被公认是"牛顿以后世界上最伟大的数学物理学家"。

通过几代人的不懈努力，电磁理论的宏伟大厦终于建立起来。在此基础上，电动机、发电机、电磁铁、电报机、电话机的技术创新相继涌现。人类进入了电子通信技术的时代。

在创新之路上，最需要的就是刨根问底的精神。奥斯特对细节的关注，使他发现了电能与磁能相互转化的秘密；法拉第为了找到"磁能生电"的秘密，花费了十年时光；麦克斯韦为了用数学方法表述法拉第的成果，建立了完整的电磁学理论体系。世上的事情，有的时候看起来很简单，但是最怕的就是连问三个"为什么"。只要连问三个"为什么"，往往最厉害的学术大师也可能被难住。这里面其实蕴含着科学研究的深刻逻辑：演绎。

古希腊的柏拉图、亚里士多德等人开创的演绎推理理论，是现代科学研究的坚实基础。演绎的典型句式是"因为……所以……"。一个原因导致一个结果，简洁明了。要想树立严密的理论体系，就必须严格地按照这个逻辑进行推导：一个原因——一个结果；这个结果又成为下一个原因——下一个结果……一环扣一环，步步为营，形成完整的因果链。在英语中，cause and effect 就代表了这个意思。今天的科学研究，演绎是主要的思想基础。就算是做实验、做实地调查，也必须建立在这个理论的基础上，否则就是无本之木、无源之水，其结果是不可信的或者不具有推广价值的。

黑暗的中世纪，与其说是打破了科学研究的这种思想基础，倒不如说是把这种思想做过头了。在那个时代，首先你必须承认万能的"上帝"的存在。然后，这个"上帝"就是一切的、万事万物的源头了。上帝就是所有的演绎过程中的那个最开始的"因为"。所有的事情，都必须从这个源头开始推导。所有不符合上帝意志的、上帝逻辑的现象——尽管都是可以被看到、听到、触摸到的事实——都被认为是不合理的，甚至是大逆不道的。哥白尼的日心说如此，伽利略的动力学实验也是如此，因为从"上帝"这个原因推导不出这些实验的结果。那么，如果承认这些现象的存在，就等于说"上帝不存在"。这是不能容忍的。于是，必须要让这些创新者闭上嘴！幸运的是，那个时代已经终结了。在我们这个时代，越来越多的人相信，科学精神是创新的必由之路。但是，这种信仰是不是好事？我们在后面还要谈到。

第三节
加速的轨道：人工智能

谈到人工智能（artificial intelligence，AI），首先要理解智能。智能是与本能相对应的。那么什么是本能？蜜蜂酿蜜，燕子筑巢，蜘蛛织网，这些都是不教就会、不学就会的，这就是本能。婴儿天生会吮奶，老鼠天生会打洞，这也是本能。那么，不教、不学就不会的，就是智能了。一些动物具备很初级的智能，比如猩猩会用树枝去够高处的香蕉，警犬会凭嗅觉去抓捕罪犯。不过，动物的智能毕竟太简单。一旦谈到高级的智能，就是人类的专利了（至少到目前为止）。一般认为，智能包括了感知、思维和行动，也就是知识获取能力、知识处理能力和知识运用能力。

语言就是智能的产物，因为婴儿天生不会说话，需要长时间的学习和模仿才能学会，而且一开始还错误百出，随着"用中学""干中学"才逐渐熟练起来。同样，开汽车、穿衣服、写情诗、拍领导马屁、陪老婆逛街、给宝宝换尿布，这些也是智能，是需要学习和揣摩才能掌握要领的，否则就可能出现拍领导马屁却拍到了马腿、带老婆去了她不中意的无名小店的尴尬。

自古以来，人类就梦想着凭借自己的力量，赋予人体以外的东西——生命体或者非生命体——以智能。在公元前 900 多年的中国，周穆王西游时，途中遇到一个名叫偃师的匠人，他把一个能歌善舞的机器人献给穆王。这个机器人走起路来能像真人一样昂首、低头，还能歪着脸合乎规律地唱歌，拍起手合乎节拍地跳舞，活灵活现，穆王甚至误将其当作真人。在西方，古希腊的荷马史诗中，就有一个瘸子铁匠用金子制造出一些像有生命的少女，会做各种事情，有力气，有智慧，能互相谈话。公元前 2 世纪，在古埃及亚历山大城有个名叫赫伦的人，曾创造了许多自动机来减轻人们的劳动。他的自动机被祭司用来显示上帝的力量。

既然人类要像造物主一般给无生命的东西赋予智能，那么首先就要搞清楚，智能究竟从何而来？

目前比较公认的智能来源是人脑。人脑是一种很奇妙的东西，仅仅 140 亿个神经元，就产生了那么多复杂的意识、感觉、感应。我们在现场看一场足球赛，一个瞬间的场景就有大约 2 亿像素。照这样计算，我们的眼睛看到的世界，一小时就有 1TB 的数据，每天就有最少 10TB 的数据，一个星期的数据就能塞满和大脑体积大小差不多的磁盘阵列。不仅如此，大脑还可以不间断地存储几十年，能自动压缩、去重复、备份重要数据，能随机提取、按场景提取、按特征提取……就算技术发展到今天，我们依然需要用几十个机柜来解决这样的问题，而且在某些方面性能还相差很远——比方说，一个球迷可以在 10 秒钟内回忆起五年前第一次现场观看心爱的拜仁慕尼黑队的欧冠决赛，崇拜的"小飞侠"罗本用眼花缭乱的动作攻入致胜进球的场景，甚至在进球之后谁第一个冲上去拥抱他、拥抱的是哪个部位、他的脸上激动得出了几道褶子，都历历在目。而要电脑干这个事情，两个小时也不一定有结果。这是因为长期的进化为人脑预装了"视觉压缩和记忆"这一模块。

除此之外，大脑还有"人脸识别模块""稳定站立和步行模块""语言模块""计算模块"，更不要说"天生爱美食模块""钟情于旅游模块""为鸭蛋脸美女而疯狂模块"……这样一来，大脑看起来就是一台巨牛无比的计算机。更牛的是，人脑能够轻轻松松地同时完成上面这些功能。比方说，身穿传统的巴伐利亚服装，在看台上为主队加油喝彩，同时突然认出了旁边座位的鸭蛋脸的妙龄女郎是自己十年前的初中同桌，而且注意到她手中拿的面包夹香肠是自己最喜欢的葱油味，并且在接下来的叙旧中惊喜地发现两个人都为曾经辞职去西藏体验了一个月的冒险生活而永远刻骨铭心……所有这些功能，大脑都可以毫不费力地随时切换，而且能耗很少，低碳环保（除非过于紧张，呼吸加快，心跳加速，血压升高）。

这样看来，人的大脑就是造物主的匠心独运之作，是绝无仅有的精品。要造出超越人脑的人工智能，谈何容易？持怀疑态度的人认为，要达到人脑那样高的目标，几乎是比登天还难。可是也有人指出：让人类飞上天，不也曾经被看成是完全不可能的事吗？

实际上，中世纪的欧洲人，就制造了各种能模仿人工作的机器人，如机械粉刷工、面包工、笛手和钢琴家等。19世纪，玛丽·雪莱（Mary Shelley）的《弗兰肯斯坦》是科幻小说的起点，其中的怪物也具有人工智能的特点。1950年，美国的科幻作家阿西莫夫（Isaac Asimov）写了《我们是机器人》一书，描述了把人作为助手而征服了人类的机器人的形象。他已经开始告诫人们，人工智能的无节制的发展可能引起的社会后果。

巧合的是，同样在1950年，英国人阿兰·图灵（Alan Mathison Turing）在《计算机能思考吗？》一文中，给人工智能下了一个定义：如果一台机器能够与人类展开对话（通过电传设备）而不能被辨别出其机器身份，那么称这台机器具有智能。这个深刻的、天才的"图灵测试"的构想，使人工智能正式跨入了科学研究的殿堂。图灵因此被公认为人工智能之父。事实上，早在1936年，图灵就在理论上提出了一种抽象的计算模型——图灵机，用纸带式机器来模拟人们进行数学运算的过程。图灵因此又被许多人视为计算机科学之父（也有人认为计算机科学之父是冯·诺依曼）。

图灵对人工智能的定义在一定程度上可以被看作一种行为主义的观点。人是很复杂的。简单地把问题回答正确，可能并不是一个正常的人所做的事情——虽然从决策科学的角度来看，回答正确是很重要的，但是在实际中，人的分析能力、综合能力、感性都会扮演重要角色。打个比方。如果存在下面的提问和回答，你认为回答者是人还是机器？

问：你会下国际象棋吗？
答：是的。

问：你会下国际象棋吗？
答：是的。
问：请再次回答，你会下国际象棋吗？
答：是的。

你多半会觉得，面前的这位是一部笨机器，因为这家伙只会简单地从"答案库"里提取简单答案！
如果提问与回答呈现出另一种状态：

问：你会下国际象棋吗？
答：是的。
问：你会下国际象棋吗？
答：是的，我不是已经说过了吗？
问：请再次回答，你会下国际象棋吗？
答：你烦不烦，干嘛老提同样的问题？！

你这时多半会认为：这才是一个活生生的人，因为他知道我一而再再而三地提出同一个问题，他都不耐烦了！
可见，人的智能不仅仅是正确的决策，不仅取决于智力因素，还有分析、综合、情感等多种因素的加入。图灵测试的高超之处就在于此！
令人唏嘘的是，图灵本人的不幸也与智力无关，而是出自性格、情感，甚至性取向。由于他是一名同性恋，因此受到了公审，并被定罪。在接受了一年多的荷尔蒙注射疗法之后，41 岁的图灵咬了一口含有剧毒的氰化物的苹果，在自己的床上死去。这比 48 岁离世的麦克斯韦更加令人叹息。如今，对于创新过程的研究越来越深入到创新者层面的研究，尤其是对创新者的思维模式的研究（包括创新的心理活动、神经刺激、精神状态等）。也许，只有把创新思维的本质彻底弄清，人类才能真正掌握科学、技术甚至更多领域的创新的强大工具。至少，不要让悲剧在麦克斯韦、图灵这样的天才身上重演。

在 1956 年的夏天，10 位朝气蓬勃的年轻人在美国的达特茅斯大学举行了一次暑期讨论会，介绍与交流数学、逻辑学、心理学、语言学、哲学、控制论、信息论、计算机科学等领域的最新成果和进展情况，探讨机器与人之间的相互关系。在交流探讨中，他们萌发了一个朴素的思想：设法使电子计算机具有人的智能。他们提出：人工智能的特征都可以被精准描述，然后就可以用机器来模拟和实现。他们甚至大胆地预言，25 年之后，这一设想将会初见成效。作为这次会议筹备者之一的达特茅斯大学数学系助教约翰·麦卡锡（John McCarthy）首先提出了"人工智能"（artificial intelligence，AI）这一名称。另外两名学者，赫伯特·西蒙（Herbert Alexander Simon）和艾伦·纽厄尔（Allen Newell）带到会议上去的"逻辑理论家"是当时唯一可以工作的 AI 软件，引起了与会代表的极大兴趣与关注。这次历史性的学术会议正式展开了 AI 的画卷。

在人类的历史上，一两次小规模的会议往往能够开创或者左右某个领域的发展轨迹。不仅是德黑兰会议决定了"二战"的走势，不仅是雅尔塔会议决定了"二战"之后的政治形势，不仅是汽车行业巨头们在小圆桌会议上讨价还价确定市场蛋糕怎么瓜分，也不仅仅是金融大腕们关在小屋子里面商量下个季度的市场基准利率。在科学创新的领域，也是如此。原因很简单：这种会议，撇开了芸芸众生，踢开了那些边缘人物和凑热闹的人；这种会议的参加者才是这个领域里真正的牛人、顶尖学者，才是真正致力于这个圈子的长久发展的核心人物。接下来，他们将凭借自己已有的基础、积累，借助各方面的资源，在这个领域的关键的增长点上发力——其实，在很大程度上，正是由于他们的关注，这些"焦点"以后才有可能成为这个领域的热点，因为后来者自然而然会追随这些先行者；而那些被他们忽视的"点"，自然地也就逐渐被后来者所摒弃了。

达特茅斯会议正是如此，当年的参与者迅速成为 AI 领域的权威。约翰·麦卡锡开发了 LISP 语言，这也成为 AI 早期发展的主导的编程语言，直接推动了 AI 的发展。艾伦·纽厄尔和赫伯特·西蒙在卡内基 - 梅隆大学领导了 AI 研究中心的全面工作，在问题求解模型的建立、自然语言理解等方面作出了卓越的贡献。两人都成了 AI 和信息科学的大师（实际上，作为前者的博士生导师，西蒙还身兼管理学、心理学、政治学大师几重身份。他在 1978 年甚至获得了诺贝尔奖，因为他在经济学方面的成就）。这三个人都先后获得了图灵奖。至于马文·明斯基（Marvin Minsky），他跟约翰·麦卡锡联合创立了世界上首个 AI 实验室——麻省理工学院 AI 实验室。他甚至在 1969 年就获得了图灵奖，比其他的 AI 研究者都更早。

这几个人就是 AI 领域的先知先觉者，以及推动者。一方面，他们意识到这个领域大有前途，是未来的一个重要的发展方向，能够为实践解决重大问题；另一方面，他们也不遗余力地致力于推动 AI 的研究，包括开发编程语言、创立研究机构、撰写研究报告、领导研究团队，以及最重要的——开发可用的 AI 产品和软件。慢慢地，越来越多的人意识到这个东西很有用、很有价值，也有利可图，而且发展潜力巨大，于是加入进来。众人拾柴，AI 的火焰就越烧越旺了。

在达特茅斯会议之后，学术界普遍弥漫着乐观情绪。赫伯特·西蒙甚至宣称在 10～20 年之内，机器就可以达到和人类智能一样的高度。事实上，在算法方面的确出现了很多世界级的创新，比如增强学习的雏形贝尔曼公式。聪明的机器也络绎不绝地涌现，比如能证明应用题的 STUDENT（1964），还有可以实现简单人机对话的 ELIZA（1966）。第一台工业机器人 Unimate 也在通用汽车生产线上投入工作。在由亚瑟·克拉克的小说改编的科幻电影《2001 太空漫游》中，一台电脑哈尔（Hal）也代表了人们对于 AI 的期待。全世界认为按照这样的发展速度，AI 真的可以代替人类。这种乐观渐渐变得狂妄。

机器翻译是 AI 最早发挥其用武之地的领域。有趣的是，这么一个在当时看起来非常前沿的学科，竟然直接和"冷战"、国际政治搭上了边。原因很简单：美国人必须看懂俄文的资料！ 1957 年，苏联成功发射了世界上第一颗人造地球卫星。心高气傲的美国人哪能受得了这个？当时，美国不少专家听不懂俄语，看不懂俄文资料，而苏联专家却大多数会英语。为了改变这种"敌人在暗处，我们在明处"的被动局面，剖析和研究苏联先进的宇航技术，美国专家除了加紧学习俄语之外，还努力促进机器翻译技术的开发。于是乎，美国国家科学协会专门成立了"自动语言处理咨询委员会"，并且组织力量就机器翻译进行研究。

然而，算法尚不成熟，导致词汇歧义和语法混淆频繁发生，进而产生令人啼笑皆非的谬误。例如把英文"The spirit is willing but the flesh is weak."（力不从心）翻译成俄文再译回英文时，竟然得到"The wine is good but the meat is spoiled."（酒是好的，而肉是变质的）。自动语言处理咨询委员会发现，花了 2000 万美元，带来的结果却如此令人失望。机器翻译的经费预算不得不大幅度削减。

另外一个有趣的领域是下棋。之所以有趣，是因为这个话题意味着 AI 与天然智能（人脑）展开了面对面的竞争。这可是新闻媒体最不能错过的噱头！很快，AI 就打败了国际象棋的中等水平的棋手。

不过，很快瓶颈就来临了。人们发现，逻辑证明器、感知器、增强学习等只能做很简单、非常专门且很窄的任务，稍微超出范围就无法应对。机器翻译就是一个典型，已经难以取得突破。下棋似乎不是什么问题，AI 很快就在 A 级国际象棋比赛中打败所有人类对手、勇得冠军。可是这又有什么看得见的用途呢？除了给著名的科幻电影《终结者》提供了想象的空间之外，似乎也乏善可陈。在模式识别领域，计算机和人的差距就更加遥远了，遥远得连弥补这种差距的可能都还看不到。资本是敏感的。看到这个局面，投资者纷纷打起了退堂鼓，AI 研究的冬天如约而至。

倒推 500 年前，那时候的科研人员，可以凭着自己的兴趣和热情，用简单的设备进行前人未做过的研究，有时甚至就是纯粹理论上的探索，也有可能得到国际上前所未有的领先成果。然而到了今天，创新已经越来越依赖于资本的力量。没有大笔金钱的注入，研究者很难买仪器、买设备、买材料、招聘人员、开展学术交流和合作，也就没法真正成为一个领域的主导者。

AI 的第一次冬天持续的时间不长。1981 年，日本国际贸易和工业部提供了 8.5 亿美元用于第五代计算机项目研究，希望通过采用大规模并行编程，开发出能像人类一样进行对话、翻译、识别图片和具有理性的计算机。这在当时叫作 AI 计算机。随后，英国、美国也纷纷响应。AI 的第二春焕发了。在这一次的爆发中出现了"专家系统"这一 AI 程序，其主要的功能是存储加推理，是一种具有专业知识和经验的计算机智能程序系统。

此外，很重要的是，基础的数学模型也有了重大突破，多层神经网络和 BP 反向传播算法等都被发明出来。机器已经能自动识别信封上的邮政编码，精度达到 99% 以上，超过了普通人。于是，大家又开始说："AI 还是有戏。"

可是，就在这时，个人电脑（PC）出现了。在灵活多样、更新极快的 PC 面前，古旧的专家系统显得臃肿、笨重、迟缓，不堪一击。AI 又一次跌入了冰窟。

到那时为止，AI 都还是依赖于传统的大规模计算机、专家系统。这一老套的思路，制约了 AI 的发展。不过，很快人们就意识到，在以 PC 为基础、互联网为纽带的新格局下，AI 迎来了新的发展机遇。

新的数学工具方面，深度学习网络等工具被从数学或其他学科中重新挖掘出来，并进行更深入的研究。新的理论方面，由于数理逻辑清晰，因此数据量和计算量越来越容易被确定。最重要的是，摩尔定律让计算越来越强大。强大的计算机很少被应用在 AI 早期研究中，因为早期的 AI 研究更多被定义为数学和算法研究。当更强大的计算能力——包括 PC 和互联网——被运用到 AI，研究效果就显著提高了。

1997 年，发生了一件意味深长的事情：IBM 公司研发的"深蓝"（Deep Blue）计算机战胜了国际象棋世界冠军卡斯帕罗夫。人类初次感到，自己的智力受到了挑战。

如果说这还不够的话，那么 AI 在接下来的表现，足以挑动每一个人的神经。2016 年 3 月，Google 公司研发的 AlphaGo 以 4：1 的总比分击败了围棋世界冠军李世石。2017 年 5 月 27 日，AlphaGo 以 3：0 完胜号称当今世界围坛第一人的柯洁。这场世纪大战让 AI 彻底为普通人所知。在这一天，骄傲的人类的心理防线被彻底碾得粉碎。至少，在不确定性很低、决策背景简单、主要依赖于数学运算和最优决策的围棋中，AlphaGo 所表现出来的对全局的掌控和策略的运用已经大大超乎了人类的想象。在经历了毫无希望的失败之后，柯洁的眼泪里可能有遗憾，但更多的是感慨和无力感。

当然，人类社会是复杂的、多变的、模糊的、不确定的。一个小学生在面对"今天晚上是看动画片还是找好朋友玩"这样的决策时，就要考虑很多不确定因素：作业是否已经做完了？明天的功课是否需要预习？爸爸妈妈是否同意我单独出门？好朋友住得是不是太远？最近是不是治安情况不太好？好朋友家里是不是新买了诱人的米老鼠玩具？看动画片的同时是不是可以偷偷地吃一瓶妈妈不让多吃的草莓酱？……这么多参数汇聚在这么一个看似简单的决策问题中，并且不是完全"非此即彼"的。比如说，好朋友的家离我家 1.5 公里。如果是在夏天，晚上 8 点钟天还是亮的，骑自行车 1.5 公里貌似没什么大问题；可是如果在冬天，刚刚下过大雪，路上积雪很厚，下午 5 点钟天就黑下来了，这样的话，步行 1.5 公里可是很要命的！这还没有考虑今天上课是不是做了大运动量的课外活动、晚餐是不是吃饱了、路上的状况好不好……这些因素。如果让 AlphaGo 来作这个决策，可能比击败柯洁、李世石要难一些。

不过，早期的 AI 只会学习人类的经验；可现如今时过境迁，今天的 AI 不再采用传统的计算机编程方法，而是能够基于人类海量的经验和数据，通过一套学习算法，在模拟器中不断地进行深度学习，让机器自己产生行为策略，进而获得人类难以企及的"技能"，从而完成自我进化。这是 AI 和原先控制论最不同的地方。

例如，据说 AlphaGo 每天要跟自己对弈 5 万盘棋，这样一来，它的水平当然会毫无疑问地突飞猛进，"士别三日，当刮目相待"；相比之下，人类选手在比赛时最快也需要 2 个小时，慢的话可能需要一天甚至更长，也就是说人类要完成 5 万盘棋的对弈数量至少需要 10 万个小时，也就是一天不眠不休需要 270 多天。我们就是龟兔赛跑中那只可怜的乌龟，而 AI 却是那只醒悟过来、奋发图强的兔子。从这个角度看，人类怎么可能不被 AI 超越？

事实上，AI 已经将触角伸向我们身边的各个领域。在药物研发中，在 AI 的帮助下，过去需要几个月筛选百万种化合物的工作量只需要一天就可以完成。在自动驾驶领域，AI 的应用已经非常广泛。至于金融行业，早已被认为是最先被 AI"革命"的行业。在金融巨头高盛（Goldman Sachs），它目前拥有约 9000 名计算机工程师，占全部员工的 1/3；与此同时，高盛在纽约总部的美国现金股票交易柜台的交易员一度高达 600 人，而现在偌大的交易大厅却只有两个人值守。四大会计师事务所之一的德勤早已引入 AI，"会计师、税务师会被机器人取代"这个命题早就不新鲜了。同样受到威胁的职业还有同声传译——在语音识别中，有监督深度神经网络早就应用于全自动同声翻译系统。AI 还毫不留情地闯入了艺术圈。科学家成功开发出一个名为 DeepBach 神经网络系统，它可以创作出巴赫风格的清唱曲，作品足以以假乱真，甚至使专业的音乐家将 DeepBach 创作的音乐误认为是巴赫的作品。这样的进步每时每刻都在发生着，称之为"一日千里"毫不为过。本书出版后三个月，情况就会与书中描述的大相径庭。

从监督学习、非监督学习到增强学习，从针对"有穷大"问题到针对"无穷大"问题，AI 的算法越来越先进，越来越接近生物学习的行为特征，具有探索未知世界的能力。这足以让越来越多的人产生担忧。有的科学家甚至还通过算法构造策略与仿脑构造策略这两种途径尝试研究让机器具备意识，一旦这一研究成功，超强的技能和不受人类操控的自主意识两者叠加，岂不是等于创造了一个新物种？更糟的是，这个物种不吃饭、不睡觉、能够完成一切最艰难的工作，那么人类的地位置于何处？人会不会沦为奴隶？

从另一个角度看，现在已经出现了通过情感计算，能够理解用户、能够交流和沟通的 AI 机器人。甚至有公司正在致力于开发 AI 性爱机器人。这个天才的创意肯定不乏市场，然而是否会引发全面的人类情感危机、伦理危机？机器人具有智能和情感，是不是就会成为一个新的物种？那么我们是不是还能用对待机器的方式来对待它们？换句话说，是不是要把它们当成真正的人一样看待？到那一天，阿西莫夫提出的"机器人三定律"是否还适用？

还有第三种可能，那就是尤瓦尔·赫拉利教授在《人类简史》中提到的，人类很可能进化成为半机器人。那时，人类透过生物操纵技术和基因工程就能够使人体与机器相融合，并不再受到死亡的辖制。但是，那时候的人还能叫"人"吗？就像电影《黑客帝国》（Matrix）所描述的那样，人一生下来就要接受芯片植入。那个时候，人的所思所想、所见所闻，是否还是真实的？并且，由于财富的分配不均，这种"长生不老"的权利也将是分配不均的。这将导致严重的社会大分裂，甚至大动乱。

无论如何，有一点是必然的、也是无法阻挡的，那就是更大规模的机器学习、更深度的机器学习以及更强交互性的机器学习，将使得 AI 搭上云计算和大数据的顺风车，更快地驶入寻常百姓家。

第四节
科学创新的驱动力

有人戏称："全世界都在做科研，而我们在拼命地往 SCI 期刊灌水。"听起来戏谑，想起来叹息。

真正的研究，从来都不是靠论文发表、专利获批驱动的。今天，有的大学、研究院所把发表论文数量作为考核科研人员的主要依据甚至唯一依据。殊不知这样是舍本逐末。论文、专利只是创新的阶段性成果。科学创新，尽管不像技术创新、产业创新那样更容易产生触手可及的商业价值，但是毕竟也是要产生价值的——改变人们的思维，推动社会的变革，让更多的人投入进来。当你看到量子力学、相对论、DNA双螺旋结构、信息科学的突飞猛进，怎么能够抵御得住这种科技发展对人的内心的撼动？相较之下，有没有论文又有什么关系？——诚然，论文发表有助于更多人接触、掌握这些科学成果；可是就算没有论文，只要是以某种方式呈现在世人面前的先进理论，都是值得人们心仪的。

可惜的是，这个世界总是难以按照理想状态来运行。一旦拥有了某种力量——因为政治赋予的权力，或者财富导致的特权，或者名声带来的威望——就会自觉不自觉地挥舞起这种力量的指挥棒，把事情变得复杂起来，让原有的那些简单、纯粹的梦想变得支离破碎。论文、专利作为一种简单明了的度量指标，几乎没法不让人在看到它的第一眼就心驰神往——如果用这个办法来衡量科研成果、创新成果，那该有多省力、省事！看起来似乎是这样。不过，如果用这种办法来评估创新者，那么图灵可能永远只是一个无名之辈。

那么，什么才是隐藏在这些伟大的科学成就背后的动力？

牛顿想要探究苹果从树上掉落的原因，图灵想要把机器变得像人一样聪明，法拉第围绕着一句"磁能生电"而奋斗了十多年，这都是好奇心产生的推动力。如果没有好奇心，仅仅依靠"发表论文"这样的激励，是不可能让这些聪明的研究者为了一个问题而奋斗终生的。说到底，这都是价值观使然。

自从人类从动物界脱颖而出的时候，人就对大千世界充满了好奇。不论是头顶璀璨的星空，还是脚下广袤的大地，未知的世界是如此精彩，万事万物都能勾起人类无穷的兴趣。只不过，学者是一些特定的人，他们既具有足够的智慧，又有耐心和恒心，去把世界上的问题一个个刨根问底、彻底解决罢了。也正是因为此，要想做一个科学家，好奇心是必不可少的特质。

科学家大多是问题导向的。"为什么是这样？"面对某种现象，他们会问这个问题。接下来的事情就很简单了——那就是要解决这个问题。为什么要解决这个问题？说得轻一些，这是满足个人的好奇心。没错，就是要满足好奇心，永远不放过任何一个感兴趣的东西，把事物的机理进行彻底的探究。说得重一些，他们把解决这个问题当作自己的使命、责任，因为这个世界需要他们去完成这项任务。没错，可能大多数人不理解、不支持他们的想法——或许这个问题太复杂，或许没有意义，或许还没到解决的时候——但是他们自己就是认定了，"我就是解决它的那个人"。创新需要的，在个人的层面上往往就是这样的价值观。

现实生活中，总有人说："那些搞研究的，总是把日常生活中一些很浅显的道理弄得非常复杂，用一大堆公式、定理、数学方程来推导，最后得出一个我们早就一清二楚的结论。"科学家们因此受到了不少嘲弄。

然而，懂得科学研究范式的人就会明白，事实恰恰相反。科学研究往往是把现实世界进行抽象、简化，把许多不清楚、不确定、不稳定的因素统统剥离出去，最后就用一两个非常简单的、高度精炼的公式来模拟、描述现实世界。物理学的 $F=ma$，电学的 $V=IR$、生物的种群分类，甚至经济领域也有 GDP 的计算公式。简洁，往往不是科学研究的第一宗旨，然而好的、顶尖的科学研究的最终结果，却往往是简洁的，因而也是美的，以至于让人（尤其是那些率先得出这些结果的人）如痴如醉，达到快乐和成就感的巅峰。获得这样的研究成果是每一个真正的科学家的终极梦想。为此，他们会投入极大的耐心，进行日复一日的工作，不厌其烦的解决每一个细小的问题。这种科学研究的兴趣是纯粹的，是很难用论文发表数量去衡量的。

第五节
知识就是力量？——创新的双刃剑效应

曾经有人认为，科学精神是创新的必不可少的因素。哪怕是在技术、产业或者体制领域，科学研究所体现的精神——充满好奇、追寻真相、探究根源、遵循严格的因果链——都是在这些领域里创新的重要因素。

但是，另一方面，创新意味着创造具有可持续性的价值。的确，大多数时候，科学为人类生产的发展、生活的便利、文化的繁荣、民主与自由的进步做出了贡献，持续性地创造了价值。然而情况并非总是如此。有的时候，科学创造出来的，并不是天使，而是顽童，甚至是恶魔。

16—17世纪之际的英国哲学家培根（Francis Bacon）说："知识就是力量。"毫无疑问，科学研究能够为人类社会发掘出新知识。但是，知识不一定总是造福人类的。如果知识掌握在恶人的手中，还不如不要被发现出来为好。

在《封神榜》中，妲己是一个众人皆知的红颜祸水。她与商纣王一起，做出许多乖戾暴虐、惨无人道的事情。但是，以今天的眼光来看，真实的历史是什么样的？恐怕还不能断然下结论。

在小说中写道：严冬之际，妲己远远看到有人赤脚在冰上走，见老的敢下水，小的不敢下水，为了弄明白其生理结构的异同，就将他们捉来，把他们的双脚砍下，研究其怕寒不怕寒的原因。妲己看见一个大腹便便的孕妇，就神秘地对纣王说，她能算出孕妇怀的是男孩还是女孩。果然，妲己是对的。妲己还怂恿纣王杀死忠臣比干，剖腹挖心，以印证传说中的"圣人之心有七窍"的说法。所有这些，都成为妲己"助纣为虐"的罪证。

但是，中国历史上就不乏嫁祸于红颜祸水的例子。妲己是不是也是被冤枉的？从这些事情中，至少可以看出来，妲己对人体构造充满了好奇。这不正是科学研究的先决条件？

凡是小说，想要取得成功、脍炙人口、流传百世，最重要的是取悦读者。就像如今的好莱坞大片一样，历史上的小说为了让读者满意，也是无所不用其极。恐怖化、妖魔化、奇幻化、戏剧化……都是手段。《封神榜》是不是也不能免俗？

拨开历史的迷雾，撇去浑汤中的渣滓，留下的真相可能是：小说中的蛇蝎美人妲己可能是历史上第一个解剖学者，或者至少是一个对解剖学有一定造诣的人。她可能向商纣王提出了一些恶毒的建议，也可能滥杀无辜，但是可能远远没有达到小说中所说的程度——毕竟，作为一名女性，暴虐到那样的程度是很难让人想象的。不过，小说的作者是非常清楚吸引读者眼球的重要性的，于是有可能把妲己塑造成一个反面典型。就这样，妲己背上了很多本来不应该由她背负的罪名，被千秋万代唾骂。在更加详细、可信的历史资料被发掘出来之前，我们至少不能否认这种可能性。

在《西游记》里，孙悟空可以用自己的汗毛轻而易举地变出成千上万个小孙悟空。这恐怕是有记载的最早的人类复制自身的幻想。就像永生一样，复制自己也是一个令人神往的愿景。数千年以来，这个愿景都停留在梦想的阶段。1996 年，克隆羊多莉（Dolly）在英国的诞生使人意识到这个梦想不再是遥不可及。接下来，鼠、猪、牛、猫、兔、猴、鹿、马、狗……成功被克隆的哺乳动物名单越来越长。

从科学的角度讲，克隆毫无疑问是一项具有开创性的突破式创新。如果将其应用于产业和社会，那么很有可能引发重大的变革。例如，治疗性克隆有可能为人类提供充足的器官，从而彻底解决罪恶的器官贩卖问题。不过，生殖性克隆的潜在问题则要大得多。

现在，克隆的概念已经超出最初的"无性繁殖"，而包含了广义的复制、拷贝和翻倍。对于猪狗羊之类的动物的复制，还不涉及伦理问题——至少不会对人类社会的伦理产生冲击。然而，生殖性克隆——对完整的人的复制——毫无疑问将产生伦理问题。试问，一个丈夫克隆了自己，那么他的妻子是否就拥有了两个丈夫？而他们的孩子是否就有了两个爸爸？更深刻的社会问题也会产生，比如说，面对基因一样的两个人，警察该怎么分辨犯罪分子？由于健康及免疫力的先天问题，克隆人容易患有传染病、精神病，这样的克隆病人由谁来看护、照料？要知道，克隆的动物可以被较为容易地处理，但是克隆人的处理显然不那么容易。并且，在法律上，克隆人是否应该获得法律主体的地位？克隆人的受监护权、受教育权、被抚养权又由谁来保护？可以预见，克隆人一旦出现，将对人类社会产生前所未有的冲击。

探索未知是人类的天性，也是科学研究的特点。科学家在这方面又远远地超出常人，因此他们的思维也往往与常人不同。对于常人所关注的社会、道德、法律、文化等问题，科学家可能根本就不屑一顾："我所考虑的首要问题是这件事情有没有可能实现，是不是在科学上行得通。科学研究是我的天职，是我的使命。至于其他的问题，根本就不在我的考虑之列。那是你们要考虑的问题，不是我的问题。"鲁迅先生曾经形象地形容这些人"不免咀嚼着身边的小小的悲欢，而且就看这小悲欢为全世界"。毫无疑问，这种"钻牛角尖"的精神在科研从业人员中并不罕见，实际上，这种精神恰恰是科学研究道路上"刨根问底"精神的极致。从某种意义上说，要说服科学家放弃这种劲头，就等于让他们放弃科学研究本身。

当然，也可能有另一种情况，那就是对克隆技术的潜在的巨大市场垂涎欲滴，于是宁可冒天下之大不韪，铤而走险。这也是科幻小说、科幻电影中反复出现的情节。但是在现实中，这种可能性是显而易见的。

即使全世界大多数国家已经明令禁止，目前还是有几个"疯子科学家"正在进行克隆人的研究。不管他们的动机如何，前景总是令人担忧。如果不能合理地控制，那么克隆人的出现与合法化，可能意味着人类自身的末日。

是谁创造了世界？不同的人会给出不同的答案。宗教信徒会说是上帝、真主或者别的神，科学家会说是从奇点而来的宇宙大爆炸。之后的生命起源问题，今天的人大多相信是地球在 30 多亿年前出现的生命。总之，世界的创造、生命的起源，都是外力作用的结果。

可是，在 1974 年，当科学家具备了将某种细菌内的一部分基因转移到另一种细菌体内的能力时候，转基因技术的序幕就揭开了。这意味着人类获得了打破物种间固有边界并根据意愿重塑生物的能力。很快，这种能力就从微生物基因重组扩展为植物、动物的转基因技术。

转基因作物的大规模商业化种植始于 1996 年，其主要品种有棉花、大豆、玉米和油菜。2012 年，全球转基因作物种植面积已经达到 1.7 亿公顷，是 1996 年的 100 倍，种植转基因作物的国家也从最初的 6 个增至 28 个。在中国，转基因作物的总种植面积居全球第六，以转基因棉花为主。

当一种软化缓慢的西红柿在市场上开始出售的时候，转基因食品开始正式走入人们的日常生活。仅仅在中国，转基因食品就涉及了水稻、玉米、大豆、油菜、小麦等多种食品。但是，对转基因食品的安全性的质疑声从来没有间断过。的确，在过去，基因的转移完完全全是老天——也就是大自然——的事情。没有任何人能够按照自己的意志，将某种基因从一种生物体转移到另一种生物体。可是现在，突然间人类就具备了上帝的这种力量。一想到这种能力被恶人掌握和滥用、创造出新的恶魔，怎么能不让人感到脊背发凉？那样，人类岂不是成为自己的掘墓人？实际上，对于转基因食品的争论，可能是人类历史上从未有过的充满争议、矛盾、角力的论战。

关于转基因食品安全性的争论，主要体现在食品安全和生态安全两个方面：食品安全方面的讨论主要集中在外源基因在新的生物体中是否会产生毒素、会不会改变食品的营养成分、对人体健康有没有危害；生态安全方面的讨论主要聚焦于转基因作物释放到田间后会不会引起基因污染、产生超级杂草，是否会打破原生物种群之间的动态平衡、破坏生物多样性。赞同派用国际上广泛认同的"实质等同性"[①]和"无罪推论原则"来证明转基因食品无害的观点。但是，"实质等同性"是一个简单的结果评价法，是还原论，并没有考虑系统整体。正如古代寓言所讲的，"橘生淮南则为橘，生于淮北则为枳"。即使是同一种物种"橘"，都会因为生长在不同的环境中而成长为不同的种类，那么转基因作物是不是也有可能因为处于不同的环境而结出不同的果实——有些果实还是我们不想得到的？至于"无罪推论原则"，十多年来的实验结果和商业化结果是不够的。转基因食品对人体是否具有长期和潜在影响难以确定。现在没有出现安全事件并不意味着长期安全。杂交水稻之父袁隆平就曾表示"转基因食品对人体是否有伤害，需要非常长的时间来考察，至少需要两代人才能得出结论"。实际上，已经有研究发现，转基因食品可能存在毒性、过敏性、抗生素抗性，甚至连反复标榜的"降低除草剂、农药的使用"这个好处也可能在若干年之后就不复存在。

至于"转基因食品是否应该商业化"，那是次要的问题。试想，如果安全性没有保证，如果是有害身体健康的，那么谁还会愿意接受转基因食品的商业化？皮之不存，毛将焉附？

作为一个附带的结果，转基因食品的推广还使农民们逐渐丧失了独立性。在科学和技术的标准化要求下，农民对于土地、气候以及地方环境的细节知识开始变得"不合用了"，世世代代积累下来的经验、知识被摒弃，甚至嘲弄，农民被边缘化了。与此同时，种子公司的优势地位却越来越明显，获取的垄断收益也越来越多。如果说一项创新导致的是这样的结果，那么这项"创新"不应该被视为真正的创新，充其量不过是贴着创新标签的利益攫取罢了。

在转基因议题的论战中，技术专家往往宣称："技术上，转基因食品早就已经被证明了无害、高产、高效、低成本"，"这是科学研究的结果"；而质疑者往往从哲学与伦理学角度高喊："转基因食品的安全性还没得到彻底研究"，"你们纯粹是为了公司的商业利益"。

---

① "实质等同性"原则是由经济合作与发展组织于1993年提出来的，具体内容是：如果某个转基因食品或成分与传统的食品或成分大体等同，则认为它们同等安全，就没有必要做毒理学、过敏性和免疫学实验。

诚然，一项科学研究的结果是否具有造福人类的、可持续的、惠及大众的效果，是需要长时间的检验。转基因食品，尤其是像转基因水稻这种主粮作物，属于重大的民生事情，必须扩大公众与社会的参与，应该把转基因作物产业化的信息公开，充分考虑和吸收公众的建议，提高决策的透明度。毕竟，这涉及 14 亿人口的吃饭问题、生存问题，对于这种重大的民生问题，容不得出现任何差错，更不应当容许利益集团的操纵。真理不辩不明。科学与民主，从来都是相辅相成的。在科学创新的道路上，民主的作用绝对不应该被忽视。

1896 年，贝克勒尔（Antoine Henri Becquerel）发现了天然放射性。这一重大的科学创新标志着核物理学研究的开端。人类对世界的认识从分子进入了原子、原子核的层面。

究其根源，科学研究是要探究世界的真理、真相。真理在哪里？真理在细节当中。为了阐述真理，就必须一遍又一遍的回答"为什么"的问题。举例来说，"西瓜好吃"的原因是"西瓜味道甜"，"味道甜"的原因是"其中有糖"，"糖是甜的"的原因是"糖会刺激舌头上特定的味蕾"，"味蕾会感到甜味"的原因是"味蕾上有特定的结构，能够与糖分发生反应"……就这样，一个"为什么"引出另一个"为什么"，从而形成一条长长的因果链。科学研究的任务，就是顺着这条因果链不断地摸索下去。在很大程度上，这种摸索是深入到越来越微观的层面，就像上面的这一连串问题，逐渐从西瓜的层面深入到了味蕾与糖分发生化学反应的层面。如果我们继续深入下去，就会深入到分子层面、原子层面，甚至更加细微的层面。

科学研究的一个重要词汇是 analyze。汉语将它翻译为"分析"实在是精辟。"分析"，有"分崩离析"的含义。科学研究的真谛，就是一分为二，二分为四，四分为八……无限分下去。从细胞到分子，从分子到原子，从原子到质子中子电子，再细分到夸克……作为大科学门类的基础的物理学，逐渐进入越来越神奇的微观世界。从这个角度来说，核物理学是科学研究当之无愧的前沿中的前沿。

接下来，核物理研究的创新成果接二连三的涌现。α、β、γ 射线很快被发现。量子力学体系逐步建立。核裂变、核聚变的原理被阐述。粒子加速技术、高能物理的研究突飞猛进。

核物理给人类社会带来了什么呢？射线已经在医学领域获得了极广的应用，这是因为人体组织经射线照射会产生某些生理效应。在病因、病理研究方面，利用放射性示踪技术，今天的医生能从分子水平动态的研究体内各种物质的代谢，使医学研究中的难题不断被攻破。辐射还可以用来消毒杀菌。通过链式裂变反应，人类可以获得大量的电能。在 2013 年，全世界正在运行的核电站共有 438 座，总发电量为 353 千兆瓦，占全世界发电量的16%。核电池也具有广泛的应用前景。核物理在加工、探伤、物质分析、杀虫、考古、环境治理等领域也都有着广泛的应用。

听起来似乎不错。但是，核物理也有其恐怖的一面。

就拿核电站来说，虽然它为人类提供了极其高效、丰富的能源，但是这种好处并不是没有代价的。高放射性核废料、也就是乏燃料的处理至今还是个难题。投到 4000 米深的海底吧，难道海洋就不是一个系统？4000 米深的海洋生物和浮在海面的金枪鱼、鲸、磷虾难道没有任何关系？如果有一天，人类吃到了有放射性的金枪鱼，那么应该怪罪于谁？将核废料深埋在地下500 米的永久性处置库看上去似乎很稳妥，是目前国际公认为最安全的核废料处置方式。可是这种办法实际上是没有办法的办法——除了深埋之外，没有更好的办法！理论上，数十万年之后，这些高放射性核废料的辐射会衰减到对人体无害的水平。可是数十万年的时间很长，不确定性太大。地震、岩层裂隙、地下熔融溶液……这些都可能造成核废料的泄漏。实际上，就算没有这些灾害，正常的泄漏水平已经有可能导致埋藏地附近的食物遭受放射性沾染。一旦大规模泄漏，切尔诺贝利核电站的惨剧重现就不是没有可能。谁愿意承担这种风险？谁愿意看到自己的孩子长出三只眼睛、两个心脏？

核物理带来的另一个产品就是核武器。看到这个字眼，谁的脑海里不会立刻蹦出"广岛"和"长崎"？那核爆炸之后的惨状，令每一个看过电视资料的人记忆犹新。这种对人员和物资巨大的杀伤和破坏，就是核反应的光辐射、热辐射、电磁脉冲、冲击波造成的，这些都是核物理研究的产物。在许多人心目中，"核武器"和"原子弹"几乎是同义词，但实际上核武器的种类远不止如此。原子弹属于裂变型核武器，氢弹属于聚变型核武器，此外还有中子弹、三相弹，以及未来可能的反物质武器。幸运的是，"胖子"和"小男孩"两颗原子弹是迄今为止人类在战争中使用核武器的仅有案例。现在还有没有国家敢在实战中运用核武器？尽管美国、俄罗斯、中国、印度、伊朗等都把核武器作为威慑力量，但是大家心里都清楚，一旦爆发核战争，毁灭的将是整个世界，没人能够幸免。因此，摁下核按钮的手，必须有一个清醒冷静而且超级自制的大脑来把控。但是问题在于：谁能保证我们总会一直幸运下去？谁能保证实施控制的总是这样一个理性自制的大脑？万一什么时候出现了一个嗜血狂人、战争贩子，他会不会疯狂的、不顾一切地发起核大战？要知道，哪怕只有万分之一的可能性，一旦发生，那就意味着人类社会百分之百的灭顶之灾。

科学创新所产生的知识的确能够产生无与伦比的力量，但这种力量可以用来造福人类，也可以用来毁灭世界。与其说科学是潘多拉的魔盒，倒不如把科学看作一个黑箱。从里面蹦出来的可能是天使，也可能是顽童，也有可能是恶魔。对人类来讲，我们希望看到的当然是天使，至少也要是顽童——有可能成长为天使的顽童，但绝对不希望看到恶魔。这取决于什么？在黑箱之外，是否还需要一层甄别、过滤装置，来帮助人类解决这个难题？如果需要，那么这个甄别和过滤装置应该是什么？是文化、伦理、道德？还是公正、民主、自由？或是权力、信仰、情怀？说到底，是为了人类的健康、安全、幸福吗？那么，除了人类，地球上的其他生命，狮子、大象、北极熊、蜻蜓、蝙蝠、百灵鸟，甚至苍蝇、蚊子、老鼠，它们是否也应该受到同等的科学关怀？

另外，科学创新成果被接纳肯定是有一个过程的。这个过程取决于人的群体的不同特征，比如年龄、性别、财富、地位。这样一来，享受到科学创新成果的顺序就有先有后，甚至有可能只惠及一部分人。但是，我们是应该着眼于"全体人类"，还是"一部分人"？如果有一个科学创新，看上去它是那么的诱人，但是可能只能造福一部分人而不能惠及另外一部分人，或者在一定时间内只能造福一部分人而需要更长的时间才能惠及更多的人，那么这样的科学创新是否会导致新的社会不公平？这将对人类社会的阶层、大众心理产生什么影响？像 AI 这样的创新，可能首先造福于那些社会上层的人，使他们更聪明、更敏捷、更富有、决策更科学、生活更便利；而对于那些社会中下层的人，在短时间内则没有什么影响，甚至有可能夺走他们的饭碗，使他们与高层人士的地位、智力、薪酬差距增大。这就对社会结构产生了重大的影响。这种情况应当如何处理？① 这些问题并不是无关紧要的。要正确地回答这些问题，并对未来的创新有所指引，恐怕需要全社会、全世界更多的人进行深刻的思考和探讨。正如前面所说，民主与科学应当齐头并进，才能保证科学走在正确的轨道上，而不是误入歧途。

第六节
科学创新与竞争

在科学创新的领域，竞争同样存在。

科学创新的主体是科学从业人员，或者说科学家。在历史上，曾经不止一次地出现了这样的戏剧性情节：两个（甚至多个）科学家（或科研团队），在彼此不知情的情况下，互相独立地得到了相似的甚至相同的研究成果。

18 世纪初，德国最伟大的数学家戈特弗里德·威廉·莱布尼茨（1646—1716 年）和英国最伟大的数学家艾萨克·牛顿爵士（1642—1726 年）之间即将爆发一场激烈的战争，他们都宣称自己才是微积分的创立者。这场战争持续超过 10 年，直到他们各自去世。

牛顿在 1665 年至 1666 年创立了他称之为流数法的微积分。但牛顿在其大半生的时间里，却并没有将这一发明公之于世，而仅仅是将自己的私人稿件在朋友之间传阅。牛顿直到发明微积分 10 年之后，才正式出版相关著作。

莱布尼茨则是在晚 10 年之后的 1675 年才发明微积分。莱布尼茨在接下来的 10 年里不断完善这一发现，创立了一套独特的微积分符号系统，并于 1684 年和 1686 年分别发表了两篇关于微积分的论文。莱布尼茨虽晚于牛顿发明微积分，但他发表微积分的著作却早于牛顿。正是因为这两篇论文，莱布尼茨才得以宣称自己是微积分的第一创始人。

① 刘慈欣的小说《赡养人类》中就描述了这样的世界。

17 世纪末，莱布尼茨和牛顿的支持者均指责对方行为不当。18 世纪的前二十年，微积分战争正式爆发。莱布尼茨曾看过牛顿早期的研究，牛顿因此认定莱布尼茨剽窃了自己的成果，他开始最大限度地利用自己的声望来攻击莱布尼茨。莱布尼茨也毫不退让，奋起反击，宣称事实的真相是牛顿借用了他的理念。在微积分战争爆发之前，两人没有多少直接交流的机会，但他们对彼此的欣赏一直都溢于言表。或许正是因为堆砌了太多的溢美之词，在翻脸后彼此的攻击也就愈加刻薄。为了赢得这场争论，莱布尼茨和牛顿后来变得无所不用其极，充分展示了他们卓越的才智、高傲的个性，甚至是疯狂的一面。①

微积分是最重要的数学发明，极大推动了科学的进步。然而这场旷日持久的微积分战争，是科学史上的重大事件，是损失无法估量的悲剧。正如莱布尼茨所说："无论是我们的项目取得进展，还是科学取得进步，都无法让我们逃脱死亡。"

在 1953 年 DNA 双螺旋结构被发现的过程中，是女晶体学家富兰克林（Rosalind Franklin）成功地拍摄了 DNA 晶体的 X 射线衍射照片。后来，富兰克林的领导威尔金斯在富兰克林不知情的情况下把这那张照片拿给沃森和克里克看了，从而给了他们关键性的启发，推出了 DNA 的双螺旋结构，在他们发表的文章中也未曾对富兰克林表示感谢。于是，1962 年的诺贝尔生理学奖颁给了这三位男科学家，受到歧视的女科学家富兰克林与诺奖擦肩而过（见本书第一章）。

在人类的科学创新史上，人与人之间的竞争所导致的这样的悲剧一而再再而三地上演。我们不禁要问：我们有没有可能走出囚徒困境？

归根结底，科学创新成果归属于谁，这是人与人之间的竞争。要解决这样的问题，就要面对人性和人心。囚徒困境的根源就在于：人是利己的，追求自身效用最大化；而且人是不考虑长期收益的，而只考虑本次收益最大化。然而，这两个假设在科学创新领域是不成立的。

科学家不完全是追求个人利益最大化的。科学研究往往是由好奇心驱动

①　杰森·苏格拉底·巴迪. 谁是剽窃者——牛顿与莱布尼茨的微积分战争 [M]. 上海：上海社会科学院出版社，2017.

的，经济利益并不是科学家考虑的首要问题。为了追求科学真理，科学家往往要放弃经济利益。因此，我们对于真正的科学工作者，应该放弃以物质利益为主的激励方式。目前中国的情况恰好相反，各种人才计划层出不穷，物质激励大行其道，这样一来，反而把科学家内心深处本应具有的对真理的追求、兴趣、向往给湮没了。时间一长，科学家就把这些科学好奇心抛到了脑后，眼中只剩下金钱。这种"挤出效应"是非常可悲的。我们国家的发展已经过了物质利益至上的阶段，应当适当的淡化这方面的刺激，而更强调名誉、声望、社会地位给优秀科学家的激励作用。

人是有理性的，面对问题不会只想着眼前，更多的时候会考虑长远利益。规范、和谐的科学共同体（community）的形成，有利于科学家们相互之间加深了解、加强信任。大家彼此都了解所做的研究，而且研究的进展也为许多同行所知晓。这样一来，弄虚作假、互相拆台、抄袭剽窃等不端行为就很容易在圈子里被看穿。由于博弈不止一次，而是多次，因此尽管一次造假可以在短期获利，然而长期来看必然会被拆穿，从而斯文扫地、身败名裂，遭到同行圈子乃至全社会的唾弃。这样的结果，就是沽名钓誉、偷梁换柱再也找不到市场。科学研究，作为一项纯粹的由好奇心和使命感所驱动的事业，应当营造起合作、分享、共赢、互利的氛围。不仅有正式交流，也有非正式交流，甚至有情感交流。在这样的科学共同体中，才有可能做出遵守规则、合乎规范、不偏激、不极端、具有包容性和可持续性的科学研究成果。

科学研究是一项伟大的工作，同时往往也是重复性强、枯燥乏味的工作。学者不仅要静得下心来从事日复一日的研究，也要以平常心对待学术同行（乃至跨行）的竞争。竞争能够给研究者带来一定的压力，往往在无形之中加快了研究的进度。同行之间的信息交流有利于思想的沟通和新思路的产生，从而有助于研究成果的提升，但是在这个过程中（尤其是在非正式交流过程中）的知识产权保护自然也是一个亟待解决、值得深入探究的问题。

第七节
知识就是力量？——李约瑟难题的科学解

知识一定就能产生力量吗？在培根的那个年代，其实这句话是有很强的背景的。话到这里，就不能不谈到著名的"李约瑟难题"（Needham Puzzle）。

20 世纪最著名的中国科技史专家李约瑟（1900—1995 年）在他的多卷本巨著《中国科学技术史》（*Science and Civilisation in China*）中，以令人信服的史料和证据，全面而系统地阐明了四千年来中国科学技术的发展历史，展示了中国在古代和中世纪科技方面的成就及其对世界文明所作出的贡献。

然而，更为人所熟知的是，在该书的第一卷《总论》中，李约瑟提出了如下问题：

一、中国的科学为什么会长期大致停留在经验阶段，并且只有原始型的或中古型的理论？

二、中国怎么能够在许多重要方面有一些科学技术发明，走在那些创造出著名的"希腊奇迹"的传奇式人物的前面，和拥有古代西方世界全部文化财富的阿拉伯人并驾齐驱，并在公元 3 世纪到 13 世纪之间保持一个西方所望尘莫及的科学知识水平？

三、中国在理论和几何学方法体系方面所存在的弱点，又为什么并没有妨碍各种科学发现和技术发明的涌现？

四、欧洲在 16 世纪以后就诞生出现代科学，这种科学已被证明是形成近代世界秩序的基本因素之一，而中国文明却没有能够在亚洲产生出与此相似的现代科学，其阻碍因素又是什么？从另一方面说，又是什么因素使得科学在中国早期社会中比在希腊或欧洲中古社会中更容易得到应用？

五、为什么中国在科学理论方面虽然比较落后，却能产生有机的自然观？

随着研究的深入，这些问题逐渐开始集中到两个问题：

一、为什么近代科学只在西方兴起，而没有在中国、印度兴起？

二、在科学革命前长达 14 个世纪的时间内，为什么中国文化能够比欧洲文化更有效地了解自然，并且更能把有关自然的知识用来造福人类？

对于这个问题，林毅夫教授在其 2007 年发表的名为《李约瑟之谜、韦伯疑问和中国的奇迹——自宋以来的长期经济发展》一文中提出，技术创新是一个国家经济增长的基础。工业革命前，中国工匠在实践中产生的经验性发明占据优势，使得我国经济水平长期领先于欧洲；而在 14—16 世纪欧洲出现科学革命后，科学实验逐渐成为技术发明的基础，中国却没能适应这种发明方式的转变，并且中国的科举制度极大地束缚了实验性科学的发展，因此中国的技术进步停滞。[1]

在《人类简史》一书中，尤瓦尔·赫拉利提出了"科学—帝国—资本"三位一体的理论，用来解释公元 1500 年以来西欧的快速发展。[2] 这个理论也可以部分说明中国在近代的落后。

科学思维的缺失，一方面是由于明清帝国的统治者缺乏科学研究和科学发现的兴趣，认为从科学当中得不到什么好处。因此，就算郑和率领 300 艘巨舰、3 万名人员组成的庞大舰队，远航到了红海和东非海岸，得到了水文、地理、民族、文化、语言、动植物等方面大量珍贵的一手资料，还是由于新上任的皇帝对此兴味索然而丧失殆尽。另一方面，资本主义在近代中国一直没有发展成一支扮演重要角色的力量，因此，不像近代的西班牙、荷兰、英格兰，资本家群体的探索未知、获取超额利润的呼声一直无法成为中国社会上有影响力的声音。这样一来，郑和下西洋的巨大成就也就无法转化为生产发展的动力，不能为中国社会带来黄金、钻石和其他各种丰富的资源——事实上，中国古代的统治者，向来都满足于"天朝上国"的富饶资源，相信能够自给自足，对外从来就缺少领土和资源诉求，不屑于外邦的那一点可怜的资源；相反，他们总是想尽办法，在每一次对外交往时都展现出自己的宽容、

---

① 林毅夫. 李约瑟之谜、韦伯疑问和中国的奇迹——自宋以来的长期经济发展 [J]. 北京大学学报（哲学社会科学版），2007，44（4）：5-22.

② 尤瓦尔·赫拉利. 人类简史 [M]. 林俊宏译. 北京：中信出版社，2014.

大度和泽被四方。因此，当时的中国匠人，也就满足于对"中土世界"的改良，普遍缺乏对未知世界的探索欲望，不愿去研究新鲜的自然现象和社会现象，缺少对地理大发现的敏感。三个因素相互交错下来，中国错过了科学创新的一个黄金时代。

由于缺乏与帝国和资本的互动，以及逻辑思辨体系的空缺，15 世纪以来中国的科学研究几乎停滞不前，很快就在数学、物理学、化学、生物学、天文学、地理学等现代自然科学的基础学科方面全面落后。

"知识就是力量"。缺少了科学发现的支持，中国的技术水平也就迅速落后。包括机械设备、交通工具、武器装备、冶金工艺、纺织工艺、化工技术等全面落后于西方世界。于是，到了 1840 年英国舰队来到中国海岸的时候，我们惊讶地发现，我们的火炮射程落后于人，步兵装备的是简陋的大刀长矛弓箭而非火枪，甚至在战斗队形的保持和变换、战术的灵活多变方面也不如人家（以冯·克劳塞维茨的《战争论》为代表，西方已经在军事理论方面取得了丰富的研究成果）。所以，上千人的清军败给数百人的英军也就不奇怪了。

第四章

体制的力量：
举起那只看得见的手

1991 年 1 月 17 日当地时间凌晨 2 时，在波斯湾，多国部队开始空袭伊拉克，"沙漠风暴"行动开始。截至 1991 年 2 月 23 日，多国部队共出动飞机近 10 万架次，投弹 9 万吨，发射了 288 枚战斧巡航导弹和 35 枚空射巡航导弹，并使用了一系列最新式飞机和各种精确制导武器，对选定目标实施多方向、多波次、高强度的持续空袭。空袭中，科威特战场的伊拉克军前沿部队损失近 50%，后方部队损失约 25%。在持续一个多月的空袭之后，1991 年 2 月 24 日当地时间 4 时，多国部队发起地面进攻。26 日，萨达姆宣布接受停火。28 日上午 8 时，多国部队宣布停止进攻，地面战役仅进行了 100 小时就结束了。

通过海湾战争，全世界首次见识了一种新型的战争模式，电子战、空战、立体化纵深化作战，以威力巨大的巡航导弹为代表的高技术武器。技术的力量就像健美选手身上的一块块肌肉那样展露无遗。

然而，重要的不仅仅是技术的力量。试想，海湾战争中多国部队不是先开展一个多月的空袭，而是直接开展地面进攻，将坦克、装甲车、火炮、步兵投入一线，接下来的必然是一场血腥的短兵相接，不仅是伊拉克军，多国部队也肯定会遭受惨重的损失。战争，拼的不仅是技术，也要依靠灵活的策略、合理的方法、优良的组织。在战争中，体制绝不是无关紧要的，相反，它关乎千万人的生命。

在冷兵器时代，刀枪棍棒各有用途，在一对一的短兵相接方面，武器的技术水平的高低可能会对决斗的结果产生重要影响。但是在大规模的战役中，如果双方的技术水平相差不多（实际上冷兵器之间的技术水平差距也不会太大），那么良好的组织往往就对战斗结果产生关键影响。

到了热兵器时代，这一规律仍然适用。例如，在 18 世纪，在欧洲战场上占有统治地位的本来是线式战术，这种战术主要依靠 2 ～ 3 线的步兵阵列的缓慢推进来开展战斗。然而后来，拿破仑对这种战术进行了革新：先用炮兵将敌方步兵阵线轰乱，再投入胸甲骑兵冲锋击溃敌军，再以步兵冲上去巩固战果、清扫战场。听起来这似乎只是很简单的三部曲，然而最重要的是，拿破仑的炮兵、骑兵和步兵实现了高度的协同：当法军骑兵冲锋时，对方步兵只好列为方阵以抵抗骑兵，但是这便大幅增加了在法军炮兵火力和步兵火力下伤亡的概率；当法军步兵发起冲锋时，对方的最佳选择是列为线列阵型进行防御，但是对于法军骑兵的迂回包抄则又无力抵御，成为骑兵砍刀下的冤鬼。军队顾此失彼，于是一而再、再而三地成为拿破仑的手下败将。在这里，时间的拿捏、节奏的把握、各兵种的进展速度和力度、士兵的勇气和决心，都成为制胜的不可或缺的因素。这些，都体现出体制的重要性。

创新，不仅体现在技术、科学方面。体制的突破，往往可能带来科学、技术、产业、文化的巨大变革。体制的创新，往往比科学创新、技术创新具有更重要的作用。历史已经一次又一次地证明了这一点。

第一节
资本主义登上舞台

一、英国的资产阶级革命

1688 年，英格兰发生了"光荣革命"，君主立宪制确立，资产阶级终于可以在国家的政治体制中光明正大地扮演重要角色了。这一次体制创新，使英国率先站在了资本主义发展的潮头，并为接下来的资本主义生产力的大发展奠定了基础。并且在此后的 200 年里，英国一直佩戴着头号强国的桂冠。

可是，为什么是英国？为什么是西欧？为什么不是埃及、波斯、印度或者中国，率先发生资产阶级革命？这一体制创新究竟是如何发生的？事情还得从两百年前说起。

1488 年，航海家迪亚士到达非洲南端的风暴角（后来改名为好望角）。

在那之后，达伽马发现了通往印度的新航线。哥伦布发现了新大陆。麦哲伦完成了人类历史上第一次环球航行。短短的 30 多年时间，就见证了地理大发现的突飞猛进。地理上的发现，刺激了"帝国—科学—资本"的结合。

15 世纪，古罗马帝国的背影早已消失。欧洲被中世纪的黑暗折腾得有气无力。文艺复兴的活力逐渐渗透到社会的各个角落。然而欧洲仍然处于分裂，各个国家分而自治，小国寡民是普遍状态。葡萄牙、西班牙等国家仍然追求大国梦，但是很明显这种梦想在欧洲已无可能实现，因为欧洲各国在本地都已经有比较深厚的统治基础。因此，地理大发现毫无疑问极大地刺激了这些志在四方的君王们的神经，给他们以无限的想象空间——只要到海外去开疆拓土，就有可能实现在欧洲无法实现的帝国梦！在帝国的野心面前，这种诱惑几乎是无法抗拒的。

在文艺复兴的过程中，科学逐渐取得了进步。牛顿、哥白尼、开普勒、伽利略、达·芬奇等人在天文学、力学、光学等方面取得了突破性的创新成果。人类的力量变得前所未有的强大起来。欧洲人的胸中从来没有像现在这样充满自信。他们相信，一切都在自己的掌握之中，哪怕在汪洋大海中遇到惊涛骇浪也无所畏惧。更何况，帝国的支持、君王的青睐、社会的重视，都使当时的科学家们充满了乐观情绪。搭乘着帝国野心的顺风车，在印度的恒河平原、波斯和中亚的戈壁滩、巍峨的安第斯山脉、充满了奇诡气息的亚马孙丛林，经常能见到搭乘帝国的舰队或远征军的随军科学家的身影。他们对战事、政治不感兴趣，他们感兴趣的是当地的自然环境、一草一木、鸟兽鱼虫、风土人情。但是这还不够。学者们往往淡泊名利，可是如果没有真金白银的投入，就没法购买仪器设备，没法雇用人，如挑夫、向导、苦力，科学研究就没法开展。在这方面，资本可是永远都不能或缺的。

14、15 世纪，在商品生产和贸易活动的哺育下，意大利和西欧、北欧的一些城镇繁荣起来。资本主义的萌芽率先在地中海沿岸的威尼斯、佛罗伦萨这些城市出现。随后，在尼德兰、法国南部、莱茵河畔等地也出现了城市并迅速发展起来。富裕的手工业作坊主摇身一变成了资本家，他们雇用的大批学徒和帮工则成为雇佣劳动者；商人凭借对市场行情的掌握，提供原料和收购产品给家庭手工业中的小生产者，小生产者则沦为领取计件工资的雇佣者。资本家们的逐利行为是不会停止的。只要有利润的地方，就有资本的身影游荡。当地理大发现的概念突然掉在资本家们的面前，他们眼前首先出现的就是印度的香料、中国的丝绸和瓷器、美洲的白银。毫无疑问，资本家们在第一秒钟就陷入了疯狂。就在这时，君主说"让我们出发去征服远方吧"；科学家说"那里还充满着大量新奇的、价值连城的宝贝"。这无疑给资本家们注入了一针强心剂。在资本的推动下，丹麦、英国、荷兰、瑞典先后成立了东印度公司，用股票的方式来筹措资金。国家、科学、资本三个巴掌一拍即合，彼此推动、彼此促进。很快，在西欧，资产阶级的力量迅速壮大起来。资本主义登上历史舞台的时机逐渐成熟了。

从 17 世纪初英王詹姆士一世两次解散议会开始，议会和国王之间进行了长期的、一波三折的斗争。克伦威尔将查理一世送上了断头台，可是之后詹姆士二世又实现了复辟。最后，1688 年，荷兰的奥伦治亲王威廉和玛丽回到英国，议会在次年通过了《权利法案》，彻底确立了国会至上、王权受限的原则。君主立宪制在英国建立了起来。

现在再回过头来看这个问题：资本主义制度为什么率先在西欧建立起来？这项体制创新的出现，基本上，三个方面的因素——帝国的野心、科学的求知欲、资本的贪婪——扮演了重要角色。

在 15—17 世纪的欧洲，由于小国寡民，资本家、民营企业家的贪婪以及对利润的追求更容易推动国家进行外部扩张；同样是由于小国寡民，决策、实施的链条较短，科学、技术的成果更容易进入产业环节，从而产生商业利润。反观同时期中国、波斯这样的庞大帝国，中央集权的制度导致资本主义、民营经济的弱势，在"士农工商"中，工商业者处于底层，占据上层的是官员、学者。在这样的体制中，中央政权最关心的是维护政权的统一和完整，而不是商业利益，因此容易满足于既有现状，"天朝上国"，以自我为中心，忽视外部世界的机会和利益，缺乏侵略性、扩张性的洪荒之力，科学成果容易停留在统治者的玩物、"奇技淫巧"或形象工程的层面。在帝国、科学、资本三个方面的催化下，资本主义革命这一体制创新才能在英国如火如荼地发生。

二、独立战争：平等与自由的胜利

17 世纪初，英国人来到北美洲的大西洋沿岸，建立了第一个殖民地弗吉尼亚。到 18 世纪中期，英属北美殖民地的经济取得了长足进步。然而英国政府不断地向北美各殖民增加税收，并实行高压政策。1773 年的波士顿倾茶事件成为后来战争的导火索。终于，1775 年 4 月，莱克星顿的枪声揭开了北美 13 个殖民地反抗英国殖民统治的序幕。

1776 年 5 月，在费城召开的第三次大陆会议中，殖民地坚定了战争与独立的决心，并于 7 月 4 日发表了《独立宣言》，宣布一切人生而平等，人们有生存、自由和追求幸福的权利。《独立宣言》还宣布 13 个殖民地脱离英国独立，美利坚合众国诞生了。独立战争总共持续了八年多。1783 年 9 月，巴黎条约签订，英国正式承认美利坚合众国成立。

美国独立战争的胜利，在世界上是第一次殖民地对宗主国的胜利，北美殖民地由此取得了解放和独立，这对于全世界的殖民地起到了前所未有的示范作用，为 19 世纪初拉丁美洲的独立运动注入了一针强心剂。同时，美国所倡导的"自由"与"平等"的信条，也通过战争的胜利而在全世界得到了广泛的传播，并立刻触发了随后的法国大革命。从这两个意义上讲，美国的独立是人类历史上一次前所未有的体制创新乃至体制革命。

美国的独立运动并非偶然。很久以来，新世界与旧世界的思想界在一些根本问题上的认识就是格格不入。一方面，以托马斯·杰斐逊（Thomas Jefferson）和托马斯·潘恩（Thomas Paine）为代表的北美思想家们认为一个人有自由权利，既有生存权、服从权，也有反抗权。这种自由权利是天赋的，不可剥夺的。另一方面，美国的平等理论一直是以两大思想为基础的，即"天赋人权，生而平等"思想和坚持机会均等、反对结果平等。在这样的思想的基础上，他们提出了完善政府治理机制的设想：

首先，统治者应是人民的代理人。因此，他必须按照人民的意志行事。这与卢梭在《社会契约论》中提出政府成员应是人民公仆的思想非常类似。"代理人"概念在政治学史上具有重要意义。

其次，采取共和制和频繁的轮换制。在革命阵营中，大多数人相信由人民选出的共和政府是世界上最好的政府，最能有效地使统治者成为人民的代理人。

共和思想最早产生于古罗马时代，"文艺复兴"后在欧洲又流传开来。以孟德斯鸠（Montesquieu）为代表的一些启蒙思想家相信英国革命中实行共和制而导致了克伦威尔的军事独裁，认为共和制只能在如同当时瑞士的小邦国内实行，而大国因人们利益不同和不能实行直接民主则不宜采取共和制。美国人大胆地提出了在国内实行代议制共和的设想，不能不说是一个伟大的创举。

但是，北美思想家并不认为政府官员由人民选出就使一切问题得到解决了，他们感到还存在着产生"民选君主"的可能性。为防止它成为现实，他们认为政府官员应当每年改选，并视其称职与否决定其能否连选连任。"哪里取消了一年一选制，哪里就会产生奴隶"。当然，这种过于频繁的轮换也造成了一定程度上的不稳定。后来的官员任期都有所延长。

第三，实行三权分立的原则。北美思想家认为，共和政府必须设置相互独立的立法、行政和司法部门，各司其职。分权的目的在于制衡，"只有靠这些权力的相互制衡，人类本质中向暴君方向发展的趋势才能得到控制和限制，任何程度的自由才能保留在这个政体中"。

三权分立的思想始于洛克（John Locke），完成于孟德斯鸠。北美思想家创造性地将三权分立原则与共和制结合起来，使政府不但受到来自外部选举的纵向制约，而且还受到来自内部分权的横向制约，从而更加完善。这一点可以说是美国对西方政治思想的贡献。

第四，必须有一部成文宪法确保政府实行法治。北美思想家认为，必须有一部成文宪法使政府的三个部门共同遵守，否则，"所有臣民的权利和特权都会处于一个非常软弱的基础上，并为统治者的意志和任性这个非常不稳定的因素所左右"。有人指出，"统治者总有一些利益与人民的利益相抵触，与其对社会的职责相矛盾"，因此必须做出明文规定，迫使其忠于职守。而这种宪法必须含有明确保护人民利益的条文，否则目的难以达到。正是在这种思想的指导下，美国制定出世界近代史上第一部成文宪法。[①]

在以上四个方面，美国的政治体制做出了全世界的首次变革。当然，为了实现这种变革，美国付出了八年独立战争的代价。但是放眼全世界，这一代价是值得的，因为美国实现的体制创新对全人类都具有示范作用。代理制、共和制在全世界许多国家普遍推行，三权分立、宪法更是大行其道，几乎每个国家都在谈论这些问题。将来人类到宇宙其他星球进行殖民的时候，搞不好这种体制也会被推广到宇宙的各个角落。然而，宇宙中是否只有这样的体

---

① 李巍. 试论美国独立战争时期的民主思想 [J]. 山东社会科学，1989，（2）：83-87.

制才是合适的"国家治理"或者"世界治理"体制？很难说。毕竟，我们地球人目前的见识跟整个宇宙比起来都还太不值一提。甚至于，自由和民主这两个对地球上的国家而言显得至关重要的前提在宇宙中是否成立都还是个未知数。然而，无论如何，这一体制创新在地球上已经有了成功的案例，我们在面对浩瀚的宇宙的时候也就有了更多的自信。也许，这才是对人类最大的价值。

第二节
站在成功的边缘：洋务运动

在任何一个现有的体制内进行体制创新都是一件困难的事情。现有的在位者、体制内的既得利益者都会尽可能地维护现有的对他们有利的体制。这种情况在经历了 2000 多年封建时期的中国尤为突出。然而，就是在这样具有根深蒂固的封建制度传统的中国，却曾经出现了一次浩浩荡荡的体制革新。这就是发生在 19 世纪末的洋务运动。

太平天国运动期间，一批汉族地主阶层的实力派官员异军突起，曾国藩、李鸿章、左宗棠等人能力突出，并且意识到西方工业力量的强大和西方军事力量的强大。在平定太平天国起义和捻军之后，清政府高层内就是否实施改革、兴办洋务、学习西方文明的问题展开了激烈争论，并分化为保守派和洋务派。以慈禧太后为最高统治者的清帝国统治核心既忌惮传统政治势力，又需要依仗洋务派的实力型官员来维护国家统治的稳定。他们最终采取了循序渐进的模式，以既有的政治体制为基础展开。洋务运动逐渐兴起。

洋务运动期间，西方自然科学大量引入中国。大量的新式企业、工厂得以创建。新式的军队被建立，新型武器被采购和普及。然而，涉及清朝统治最基础层面的创新，是教育领域的变革。在政治体制改革一直缺位的情况下，教育变革成为洋务运动期间最为重要的体制创新。

在教育领域的变革中，新式学校的创立是一大亮点。据统计，19 世纪60 年代以前，中国各地教会学校不过四五十所；到 60 年代末则已达 800余所；到 1899 年，天主教与基督教新教创办的教会学校总数增加到 2000所左右；1912 年，中国各类教会学校在校学生约有 20 万名。这里培养了许许多多近代中国第一代科学技术人才、翻译人才、教师等近代知识分子。所有这些，对于在中国传播西方近代自然科学知识，起了启迪和教化的作用。

从 1862 年奕䜣奏准创办中国第一所官办外语专门学校——京师同文馆，到 1894 年在烟台创办烟台海军学堂，32 年间，洋务派共创办新式学堂 24所，其中培养各种外语人才的 7 所，培养工程、兵器制造、轮船驾驶等人才的 11 所，培养电报、通讯人才的 3 所，培养陆军、矿务、军医人才的各 1 所。这些学校以学习西方近代军事、科学技术为主，多偏重于西方自然科学的教学和学习，主要是为了培养洋务所需要的新型军事、科技人员。在这些新式学堂里，学生学的不再是八股文章、四书五经，而是外语、外国史地、代数、微分、航海、化学、物理、天文、国际法、天文、地舆、格致、测绘、算化、军事专业课等。①

福州船政学堂的学生"半日在堂研习功课，半日赴场习制船械"，将课堂上所学的理论知识，在实践中加以运用检验，以培养实际操作能力。北洋武备学堂的学生在课堂上学完理论后，也要上操场实地演习炮台营垒新法，操习马队、步队、炮队及行军、布阵、分合、攻守诸式，而不再是纸上谈兵。福州船政学堂先后培养出 628 名航海、造船、蒸汽机制造方面的管理、驾驶及工程技术人员。北洋武备学堂自开办到 1900 年毁于八国联军炮火的 15 年间，培养了近千名近代军事指挥员。

不仅如此，洋务派还大力推进留学。从 1872 年至 1875 年，清政府每年派出 30 名幼童赴美国学习，4 年共派遣 120 名，学习期限 15 年。这些留美学生必须先进入美国的中学，学习基础知识，然后进入军政、船政两院，学习军政、船政、步操、制造等科目。完成了派遣第一批留美学生之后，又派遣了六批留欧学生，1876 年，李鸿章派 7 名淮军青年军官到德国留学，这是中国最早的陆军留欧学生。1877 年，沈葆桢从福建船政学堂选取 30 人前往英国、法国留学。1881 年李鸿章从北洋水师学堂和福州船政局选取 54

---

① 李江源，杨乐.略论洋务运动时期中国高等教育制度的变革 [J].高教探索，2006，（6）：9-13.

名学生赴欧留学。[①] 至 1892 年，清政府先后共派遣留学生 197 人。他们当中的不少人成长为中国近代史上的著名人物，如京张铁路的设计与建造者詹天佑、北洋大学校长蔡绍基、民初国务总理唐绍仪、《天演论》的翻译者严复等。

此外，翻译在中西文化交流中起着重要的作用。当时翻译出版自然科学译著的机构主要有美华书馆、益智书会、博济医局，都是由教会主持的。洋务派创办的主要是江南制造局翻译馆。

以《万国公报》《格致汇编》为代表的报刊成为中国人向西方学习的桥梁，而在晚清备受重视。

几乎在同时期，日本进行了明治维新。

由于洋务运动与明治维新这两场巨大的社会改革运动存在目的差异，即一为继续维护清王朝的封建统治，一为建立新型的资本主义国家，因此，教育改革的目的自然也就产生了明显不同。

作为洋务运动的宗旨，"中学为体、西学为用"是逐渐成熟和深化的，也是在争论中逐渐形成的。可惜的是，洋务派们争论的是要不要向西方学习，而不是要改变中国落后的政治制度、思想认识和教育观念，但在遵守中国封建制度和传统道德上大家都是一致的。洋务派主张用中国的传统思想来教育学生，为培养忠君爱国的思想，要求必须加强"三纲五常"的教育，向学生灌输崇拜孔子、遵守儒教的意识。在牢固掌握中国学问的基础上，再接触西洋学问。相比之下，在明治维新教育改革指导思想中，尽管也有封建主义的残余，亦提倡忠君爱国，但其主体基调还是资本主义的。

在"中体西用"中，"中体"是主体，是本，是主要的方面；"西用"是客体，是辅助，属于末端，是次要的方面。相比之下，在明治维新的"和魂洋才"中，"和魂"与"洋才"无所谓谁是主体，在地位上二者是平等的，即伦理道德与科学技术互为补充。所谓"东洋道德，西洋艺术，精粗不遗，表里兼该，因以泽民物，报国恩"。

清朝社会没有为洋务教育发展创造合适的政治土壤。腐败的官僚体制和既得利益者对洋务派主张的教育改革持强烈的抵制态度。此外，以封建道德卫士自居的大部分知识分子并不了解也不认同近代教育。这些因素成为洋务

① 樊源. 论洋务运动时期的教育改革 [J]. 忻州师范学院学报，2013，29（6）：107-109.

派推行新式教育的阻碍力量。

清政府并没有把京师同文馆之外的科技教育、军事教育真正纳入教育体制内。洋务教育的领导机构始终是同文馆。缺乏全国性的新教育管理机构，是洋务教育改革难以形成重大和全面突破的重要原因之一，也是洋务学校在办学层次、管理体制、保障体制、学生规格、办学规模等各方面水平低下的症结所在。所以，洋务学校各自为政，难成系统的格局也就不足为奇了。

相反，明治维新为日本教育的发展做了政治、经济和社会诸方面的准备，打下了坚实的基础。在资本主义政权建立 3 年后，组建了专门管理教育事务的中央政府组成机构——文部省，建立起近代教育制度，完成了包括教育在内的社会诸多领域的改革。在这一过程中，资本主义经济的发展对日本近代教育改革产生了积极影响，源自经济部门对教育和人才的强烈需求为近代教育改革的推行提供了强大动力，同时社会和政治改革也要求对教育进行改革，从而使教育发展与经济、社会变革形成了良性互动态势。

日本主动地、多方位地，把教育领域的物态文化、意识形态文化等作为一个不可分割的有机整体来学习借鉴，从而完成了教育近代化，并初步形成自己的教育特色；而中国则是部分地、孤立地，仅吸收了若干物态文化，对意识形态文化基本未予吸收，未能走上教育近代化的道路。

洋务教育改革走的是一条"人治"的道路。洋务教育始终是在个人领办下，由政府要员或地方官僚举办，没有法律的支撑，并非国家意志，以致在全国没有形成兴办新式教育的热潮。

而日本的明治教育改革走了是一条"法治"的道路。在改革中，一开始就加强了总体设计，注意运用法律来明确举办教育的主体、办法和途径，即政府是举办教育的主体，国家和地方政府负责教育事务和兴办学校，教育发展按照法律法规推进，教育改革是有计划、有目的地进行的。

在改革初期，由于强大的专制政治机器，如果清政府要想进行改革，要比日本具有明显的政权优势。早在汉代，中国就发展出相当制度化的官僚体系，隋唐时期科举制的确立和完善使中国很早就拥有了完备的文官选拔制度，其政治运转效率相当高。优良的行政组织和文官制度，高效率的官僚体系，以及高度集权的中央政府，使其具备了应对西方挑战、进行近代化的理论可能。

　　然而，历史却不是这样演进的。自 19 世纪中后期起，中国在应对西方列强的挑战中接连遭遇挫折，最终导致传统政治体系接近崩溃，其近代化进程远落后于日本。自鸦片战争后，在西方列强的重重逼迫下，中国的传统政治体制处于一种难以遏制的衰败过程中，中央政府的统治力一再被削弱，根本不可能出现一个强大、高效而又具有近代化取向的中央政府来应对外来挑战并进行自上而下的改革。中国实现近代化的政治条件丧失殆尽。

　　问题的关键在于，当时的清政府中缺乏强大的推行近代化的动力群体，或者说是传统的旧势力太过强大，传统意识太过顽固，整个官僚体系已经腐败不堪，"一年清知府，十万雪花银"就是真实写照，大部分官员无心也无力去进行改革。

　　1793 年，西人马戛尔尼率使团访华，乾隆皇帝批准给使团的招待费为每天五千银两，其中的大部分被参与接待的官员中饱私囊。看到这一幕的马戛尔尼因此对"大清帝国"极为蔑视——这个孤傲自满的东方帝国不过是一艘外强中干的"破船"！①

　　在遭遇了一系列危机之后，面对严峻的现实，为了寻求自保和图存，清王朝被迫选择改革是必然的。诚然，这一次体制创新是渐进式的，因为清王朝的出发点是维持其原有的政治体制，而不是颠覆。无论如何，这是一次清政府主导的具有资本主义改良性质的改革，客观上推动了中国近代工业化的进程，使得更多的现代化事物进入中国。洋务运动期间，中国派遣大量留学生到欧美国家留学，在学习西方工业文明和先进的科学技术的同时，这批留洋求学的学生受到了西方资本主义文明的影响，民主、自由等现代人文思想对于中国的思想解放和近代的发展起到了积极作用。

　　然而，从社会文化的角度来看，洋务运动这一创新仅仅停留在精英阶层和知识分子阶层中对西方科技文明的普及和推崇的层面，除此之外，别无建树。从政治体制的角度来看，洋务运动仅仅是在原有的制度基础上做了一些微小的调整，更多的是清王朝权力中心的转移以及统治阶层政治利益的重新分配。政治制度改革和政治现代化过程并没有在洋务运动中体现。这就基本上预言了洋务运动作为一次体制创新的悲剧式结局。

---

① 费正清. 剑桥中国晚清史：上 [M]. 北京：中国社会科学出版社，1985：155.

洋务运动历时三十年，如果从自强救国抵抗外国侵略方面来看，可以说是失败了。因为洋务运动并没有也不可能使清朝很快地富强起来，摆脱半殖民的半封建的社会地位。但是洋务运动在思想观念、军事、社会经济及科学技术、文化教育等诸多方面，都进行一系列的改革，改变了传统社会的若干面貌。洋务运动虽然未使中国近代化完成，但却给中国的近代化尤其是工业近代化打下了一个薄薄的基础，也积累了一些符合中国国情的实现近代化的经验。中国正是在这个薄弱的近代工业的基础上再接再厉，走完了旧民主主义革命和新民主主义革命的历程，也为转向社会主义革命准备了条件。

洋务运动之所以失败，除了文化路径依赖，还有体制路径依赖，体制创新严重不足。例如，官办的军事工业仍然具有浓厚的封建性。所有局厂都不是独立经营的企业，而是地方政府的一个组成机构。由于把封建官僚衙门的一套官场恶习搬到局、厂，腐败现象就在所难免。生产效率普遍低下，成本高昂，管理混乱。例如，福州船政局造船费用甚至高于向外国购船费用。军火供应工作完全被封建官僚所把持，偷工减料，营私舞弊，贿赂公行。造成后来北洋舰队弹药奇缺、炮弹不合规格。

与科学创新、技术创新不同，体制创新更需要一个良好的"势"。这个"势"就是大环境、大趋势，包括经济基础、政治环境、社会民生、文化认知、变革的领导魄力等。只有大势所趋，才有可能进行重大的、根本性的体制创新。否则，势的积累不足，结果只能是：要么在根本性、革命性的体制创新过程中被保守派、顽固派打败，如王安石变法、戊戌变法；要么只能进行渐进式的、改良式的创新，对原有的体制、统治基础无法撼动，如洋务运动。

在英国资产阶级革命中，帝国的野心、科学的求知欲、资本的贪婪三个因素交相辉映，互相推动，共同促成了资本主义制度在英国的最终建立。地理大发现使帝国的膨胀野心积累到一个濒临爆发的临界点；科学技术的发展使人们的胸中洋溢着不可遏抑的情怀；资本家、企业家对财富的疯狂的渴望使整个西欧都沉浸在如痴如醉的状态中。这样的大环境，造就了资产阶级革命的时势。

在北美独立战争中，殖民地人民对宗主国的不满情绪日渐增长，加上"天赋人权，生而平等"思想的熏陶，最终促使了反抗的枪声响起。在这样的时势面前，宗主国英格兰的强力弹压所起的作用不过是火上浇油而已。

如何构建有利于体制创新的"势"？必须考虑到以下因素：

在设计体制创新方案时，必须考虑到制度的路径选择问题。在制度变迁中，存在着收益递增和自我强化机制，不同的路径选择会产生不同的结果。制度是具有惯性的，当人们选择了某种制度，由于种种因素，会导致一种制度沿着一个方向自我强化，社会很难由此走出来，最后陷入"锁定"状态。这在一定程度上就形成了制度变迁的"势"。为了"因势利导""顺势而为"，就必须在设计体制创新的方案时考虑到路径选择问题。创新要取得预计的成效，建立起有效率的政治、经济体制，并且实施的过程比较顺畅，遇到的阻力、风险较小，这不仅取决于决策者的主观愿望，而且依赖于创新最初所选择的路径。如果选择了错误的路径，即使目标明确，措施到位，创新的结果也会偏离预定的设计，进入另一种体制，致使制度变迁误入歧途。

在体制创新中，决策部门的角色必须重新定位。在国家的体制创新中，政府角色的重新定位更是其中的核心。要加速实现国家的现代化，提高政府政策的效应，就必须首先厘定政府的职责范围，使政府职能更多地立足于社会公共事务方面，加强立法机构在国家立法方面的作用权重，使政策从属于法律，这样方能有效发挥政府政策特别是政府经济政策的绩效。

在体制创新中，还要构建符合时代特征的社会群体心理，也就是在一个较长时段内社会公众普遍认同的价值观与价值偏好。在制度变迁中，社会心理的影响力是不能低估的。在中国的现代化进程中，构建符合时代特征的社会群体心理、使体制变革成为广大民众普遍理解、认可、接受、支持的事业，是一项艰巨的任务。我国社会民众对传统的背负仍然相当沉重，要他们彻底放弃旧的社会心理观念，不仅仅需要现实的逼迫，还需要理性的思索，从根本上转变有碍于社会发展的传统观念。在这个过程中，教育、文化、社会活动都扮演着重要的作用。良好的启发式教育能够引导公民进行探索式、反思式的思考，从心理上了解、理解、支持体制创新；合理的、良好规划的文化活动能够营造积极向上的氛围和有利于变革的环境；多方位的社会活动则能够帮助公众更多的亲身参与变革，从而在无形中推动变革的进行。

第三节
历史的必然：改革开放

在结束了长达十年的"文化大革命"之后，中国的发展处在一个艰难的十字路口。究竟往何处去？中国共产党领导集体在进行抉择的关口，毅然决然地选择了对自身最有挑战性、然而对国家的长远发展最有利的方式——改革开放。对过去的错误勇于承认，对旧的路线说不，敢于革自己的命，这也是一次重大的体制创新。

一、经济体制创新

为了改革经济体制，中共中央先后作出三次重要决定：一是党的十二届三中全会的《中共中央关于经济体制改革的决定》，指出了旧经济体制的弊端，开始探索中国特色社会主义经济新制度。二是党的十四届三中全会的《关于建立社会主义市场经济若干问题的决定》，使社会主义市场经济成为中国特色社会主义经济制度的重要组成部分。三是党的十六届三中全会的《中共中央关于完善社会主义市场经济体制若干问题的决定》，进一步完善了社会主义市场经济体制的目标和任务[①]。

随着改革的深入，社会主义经济制度通过创新不断取得新成就：其一，确认了社会主义市场经济体制的基本框架。社会主义市场经济就是社会主义制度基础上的市场经济。其二，确认和强调了社会主义基本经济制度。一方面必须坚持公有制为主体，另一方面必须保持多种所有制经济共同发展。其三，实行多样化的公有制形式。股份制、股份合作制、混合所有制、独资公司、有限责任公司等，都是可供选择的有效形式。其四，制定了"新三步"的现代化发展战略，最终目标是在 21 世纪中叶新中国成立 100 周年时，基本实现社会主义现代化，建成富强、民主、文明的社会主义国家。其五，提

---

① 曲明哲 . 改革开放推动社会主义制度创新 [J]. 党政干部学刊，2008，（10）：3-6.

出加快转变经济发展方式。其六，面对经济全球化和发展新阶段的挑战，提出了科学发展等一系列重大战略思想，以促进社会主义经济制度的完善。

在中国特色社会主义的制度的一系列创新实践中，最为显著的体制创新，就是确立了以公有制为主体、多种所有制经济共同发展的社会主义初级阶段基本经济制度，确立了社会主义市场经济体制，即创新了充满活力富有效率的体制机制。一个包容多元化所有制结构的经济制度，既坚持了公有制的主体地位和国有经济的主导性，又为社会主义公有制实现形式的多样化探索提供了条件。

二、政治体制创新

我国的政治体制改革是以党的十一届三中全会为标志起步的。从邓小平提出党和国家领导制度的改革开始，特别是党的十四大以来，我国对政治体制进行了全方位、多层面的改革，除了进一步坚持和完善我国的根本政治制度外，还根据中国特色社会主义民主政治发展的要求，进行了多种体制创新。

我国政治体制的改革从权力集中的政治体制逐步向权力民主政治体制转变，社会制度的基础由工农联盟扩大为全体社会成员。党的十五大提出了依法治国方略。党的十六届四中全会作出《中共中央关于加强党的执政能力的决定》，提出要科学执政、民主执政、依法执政。党的十七大提出要坚定不移发展社会主义民主政治，推进社会主义民主政治制度化、规范化、程序化。政治制度建设主要包括：党政分开，实行依法执政的领导方式，党的领导得到加强与改善；进一步完善人民代表大会制度，使选举工作更加规范化，制度化；进一步完善共产党领导的多党合作与政治协商制度，实行听证制度和协商制度，推进决策民主化；进一步加强城乡基层民主建设，建立保证人民依法直接行使民主权利的体制。在农村实行村民自治和居民自治制度，推进基层民主建设；逐步形成有中国特色社会主义的法律体系框架；不断推进行政管理体制改革，转变政府职能，建设服务型、法治型政府。实行政务公开制度，提高政治透明度；实施公务员制度；进一步进行干部制度改革，实行公开选拔和任用领导干部制度，提高干部选任工作的民主化程度；加强对权力运行的制约和监督，建立和完善巡视制度，建立健全领导干部个人重大事项报告制度、述职述廉制度、民主评议制度、谈话诚勉制度和经济责任审计制度，依法实行质询制、问责制、罢免制。

尤其是自 2012 年以来，以习近平为核心的中国共产党中央提出一系列新理念新思想新战略，出台一系列重大方针政策，推出一系列重大举措，推进一系列重大工作，解决了许多长期想解决而没有解决的难题，办成了许多过去想办而没有办成的大事。首先，正风肃纪、反腐倡廉。周永康、薄熙来、郭伯雄、徐才厚等 200 多名高级领导干部严重违纪被审查，100 多万人因违纪违规受到组织处理。这 5 年，习近平推动全面从严治党，动真碰硬、上不封顶，不断刷新着人们的想象力。在推动打虎拍蝇的同时，习近平也不忘建章立制、扎紧笼子，形成了反腐败斗争的压倒性态势，"党的好作风又回来了"。其次，整顿基层、优胜劣汰。五年间，各地倒排整顿软弱涣散基层党组织，7.7 万个村、社区党组织重新焕发活力。党的十八大以来，全国共处分乡科级及以下党员、干部 114 万多人，处分农村党员、干部 55 万多人。通过激励、奖惩、问责等一整套制度安排，让能者上、庸者下、劣者汰。党组织的战斗力得到了提高。第三，以上率下、抓"关键少数"。习近平提出"中南海要始终直通人民群众"。国内考察，他尽量简化安排。视察时住临时板房，吃大盆菜、荞麦饸饹、油馍馍、麻汤饭。五年来，有 50 余部党内法规相继制定修订，针对"关键少数"作出了许多"硬约束"。坚决从严治党，党的十八届六中全会审议通过的《关于新形势下党内政治生活的若干准则》里，有 20 多处提及"高级干部"。党的领导力、号召力得到了增强。①

改革开放以来中国的政治体制改革是一次重大的体制创新。反腐倡廉，"动真格的"，是人类历史上为数不多的"自己对自己说不"的例子。党中央直面问题，正风肃纪，亲上火线，严查严管。自中国实施改革开放以来，中国社会还从来没有经历过如此痛快淋漓的自我审视、自我鞭策、自我革新。整个政风为之一新，民风为之一振。这些措施的实施，对中国社会产生了重大而深远的影响，对中国的现代化的历史进程产生了重要的推动力。

三、文化科技体制创新

经济与政治体制创新，必然带来文化科技体制创新。社会主义市场经济的确立，需要通过创新文化制度来引导人们形成正确的价值观，为社会主义制度

---

① 主政中国这五年，习近平三记重拳管党治党 [EB/OL]. http://news.cctv.com/2017/08/04/ARTIQeReYqZv95hZwV6kPssC170804.shtml，2017-08-04/2018-02-16.

提供支持，精神文明建设是文化制度的重要组成部分。党的十二届六中全会通过的《中共中央关于社会主义精神文明建设的指导方针的决议》、党的十四届六中全会通过的《中共中央关于加强社会主义精神文明建设若干问题的决议》，提出了社会主义精神文明建设的指导思想和主要目标；中共十五大对建设中国特色社会主义文化，又作出了纲领性的表述：建设中国特色社会主义的文化，就是以马克思主义为指导，以培养有理想、有道德、有文化、有纪律的"四有"公民为目标，发展面向现代化、面向世界、面向未来的民族的科学的大众的社会主义文化；党的十六大第一次将文化分成文化事业和文化产业，明确了整个文化体制改革的方向和目标。党的十六届六中全会提出的中国特色社会主义核心价值观，对凝聚全民族的精神力量，同心同德推进社会主义现代化建设发挥了不可低估的作用；党的十七大又提出要"在时代的高起点上推动文化内容形式、体制机制、传播手段创新"。与此同时，"科教兴国""人才强国"和"建设创新型国家"等一系列科技发展战略推动了社会主义现代化建设。文化科技的体制创新，在促进文化科技发展的同时也推进了社会主义意识形态的建设。①

第四节
体制创新中的领导

在所有的创新领域，体制创新对坚决、果敢、韧性、远见、洞察力、执行力的领导者的要求可能是最高的。尽管技术创新、科学创新也需要创新者付出很大的努力，也需要执行者持之以恒、坚忍不拔、高瞻远瞩、洞见三分，然而体制创新的不同在于，领导者面对的最大困难并不是自然界中的物，而是社会中的人的群体。

自然界中的物，不论是有生命的生物还是没生命的非生物，在创新者面

---

① 郭海宏，卢宁.马克思主义意识形态与创新中国特色社会主义制度论 [J].湖南社会科学，2011（3）：21-25.

前都难以呈现出群体意识，或者说，没有能力在某个主导意识下采取主动的行动。因此，在发明飞机、发现万有引力的过程中，莱特兄弟和牛顿要做的就是针对自然界原有的规律进行发掘和重组，不需要担心飞机翅膀突然跳起舞来或者太阳和行星之间的引力突然不再受距离的影响。

体制创新所面对的人群则不然。这些人不是案板上的鲶鱼或者待宰的羔羊，而是活生生的、有自我意识和主动行为能力的人。17世纪，当克伦威尔采用护国主的头衔统治英格兰、苏格兰的时候，有些议员企图限制他和军队的权力；当议会向克伦威尔提出《恭顺的请愿和建议书》、主张由他当国王的时候，由于害怕高级军官的反对，最后他也没敢接受国王的称号。可见，体制创新是面临很大挑战的。

然而毕竟有勇者把体制创新坚决地推进下去。北美独立战争中的托马斯·杰斐逊、乔治·华盛顿，不惧怕英国的军事力量，在思想上、行动上实行了艰苦卓绝的抗争，终于取得了胜利，成功地把这一次体制创新坚持到底。19世纪末，康有为、梁启超等人，也用自己的勇气和信念，实行了公车上书和戊戌变法。尽管这一次政治体制创新最后失败了，但是这些创新者用自己的实践，把政治制度变革的种子播撒了下去。也是在19世纪末，曾国藩、李鸿章等人开创的洋务运动，尽管没有取得成功，但是同样把经济体制创新的种子埋在了中国的土壤中。更不用说在20世纪70年代开始的中国改革开放，以邓小平、习近平为代表的中国共产党领导人，以大无畏的探索精神、高超的智慧、坚决彻底的执行力、纵横捭阖的运筹能力，把体制创新演绎得登峰造极。在体制创新中，领导者的才能、智慧和果决永远是至关重要的成功要素。

第五节
体制竞争：创新的温床，还是绞架？

在体制创新中，竞争也是一个重要的考虑因素。

毫无疑问，竞争可能是产生创新的重要动力之一。国家与国家之间存在着经济、政治、外交、军事、环保等多方面的竞争。为了取得这些方面的竞争优势，国家往往会大力鼓励体制创新。

在经济方面，进入 20 世纪以来，经济力量的增长往往意味着国家综合实力的关键一环的增强。在 20 世纪 20—30 年代，谁能率先走出大萧条，率先重新发展自己的国民经济体系，谁就在国际上拥有了优先话语权。当欧洲各国被大萧条折腾得焦头烂额的时候，美国依靠凯恩斯主义和罗斯福新政，缓解了危机。富兰克林·罗斯福总统顺应广大民众的意志，大刀阔斧地实施了一系列旨在克服危机的政策措施。整顿银行与金融系；通过《全国工业复兴法》与蓝鹰运动来防止盲目竞争引起的生产过剩，各工业企业制定本行业的公平经营规章，以防止出现盲目竞争引起的生产过剩，从而加强政府对工业生产的控制与调节；给减耕减产的农户发放经济补贴，提高并稳定农产品价格；大力兴建公共工程，推行"以工代赈"，增加就业刺激消费和生产。罗斯福新政措施使总统权力全面扩张，逐步建立了以总统为中心的三权分立的新格局。这一重要的体制创新，使美国迅速扭转颓势，率先走出了大萧条的阴霾，拉开了与欧洲诸强的经济差距，成为世界上毫无争议的头号经济强国，并且为迎接反法西斯战争的到来做好了经济准备。

在政治领域，由于竞争压力的存在，体制创新也经常被作为一种有效的问题解决手段。新中国成立之后，台湾、香港、澳门的回归和统一成为重要的问题。然而，涉及英国、葡萄牙的利益，这个问题的解决也面临着巨大的挑战。从 20 世纪 70 年代以来，中国政府提出了"和平统一，一国两制"的方针。1981 年 9 月 30 日，全国人民代表大会常务委员会委员长叶剑英发表谈话，进一步阐明解决台湾问题的方针政策，表示"国家实现统一后，台湾可作为特别行政区，享有高度的自治权"。1982 年 1 月 11 日，中国领导人邓小平就叶剑英的上述谈话指出：这实际上就是"一个国家，两种制度"，在国家实现统一的大前提下，国家主体实行社会主义制度，台湾实行资本主义制度。在这一方针指导下，中国政府就解决香港问题开始与英国政府展开谈判。自 1982 年 10 月开始，中英两国政府就香港问题举行了 22 轮正式谈判，最终达成协议，双方于 1984 年 12 月签署了《中华人民共和国政府和大不列颠及北爱尔兰联合王国政府关于香港问题的联合声明》，使得 1997 年 7 月 1 日香港的回归成为可能。在此之前，在人类历史上，还从来没有哪个国家提出过一国两制的概念。一国一政体，一国一制度，向来是被认为理所当然的。而智慧的中国共产党领导人大胆地跳出了条条框框的限制，开创性地提出在一个国家内允许存在两种不同的社会制度的构想，其结果就是在与英国、葡萄牙的谈判中掌握了主动权，成功地促成了香港和澳门的回归。"一国两制"理念的提出和成功实践，成为在世界历史上留下浓重一笔的体制创新的经典案例。

在外交领域，中国与美国在 1971 年的"乒乓外交"是一次极其漂亮的创新案例。1971 年 3—4 月，第 31 届世界乒乓球锦标赛在日本名古屋举行。在中断了两届后，中国乒乓球队在名古屋世乒赛上回归。开赛前夕，周恩来召集有关人士开会时要求这次参赛"接触许多国家的代表队"，"我们也可以请他们来比赛"。同时他要在座的人"动动脑筋"。

在 4 月 2 日，日本乒协组织各国选手在美丽的三重岛海面观光时，美国选手格伦·科恩在游艇上热情地向不远处的中国选手打招呼："哈罗！你们中国队的球打得真漂亮。找个机会，也和我们打几盘吧！"中国的领队一时有些不知所措，但年轻的中国队员则笑着大声回答："好，好！"美国选手见中国选手笑着答应了，一个个兴高采烈，又进一步提出要求说："听说你们已邀请我们的朋友（指加拿大和英国队）去中国访问，什么时候轮到我们呀？"中国青年也大方地答道："会的，总有一天你们会去的。"

4 月 4 日，美国队员科恩在体育馆训练了太久，就快到比赛的时间了，他看到了外面还有一辆车，就上了车，但一上车却发现登上了中国队的车。当时中国队员庄则栋主动上前和他握手、寒暄，并送他一块中国印有黄山图案的杭州织锦留作纪念。当时在车上科恩想回赠点什么，但在包里只找到一把梳子。他说"我想送给你点什么，但我总不能送你梳子吧"。下车时科恩手持织锦的情景被在场记者抓拍，成为爆炸性新闻。第二天，科恩准备了一件印有和平标记和"Let It Be"字样的运动衫，专门在中国队的必经之路上等待庄则栋，回赠他并与他拥抱。记者问科恩是否想去中国，科恩回答："我想去任何一个我没到过的国家，阿根廷、澳大利亚、中国。"记者再问："那特别是中国这个国家，你想去吗？"科恩给予了肯定。

关于是否邀请美国队访华的问题，中国领导人经过了反复思考，意识到：中美关系已到了一个重大转折点，如果现在邀请美国乒乓球队访华，也许是最恰当和最及时的外交方式。1971 年 4 月 6 日晚上，毛泽东经过反复斟酌，终于决定邀请美国队访华，并催促马上通知外交部，"赶快办，要不就来不及了！"第二天，美国国务院接到驻日本大使馆《关于中国邀请美国乒乓球队访华的报告》，立即向白宫报告。美国总统尼克松在深夜得知这个消息后，立即发电报给美国驻日大使，同意中方的邀请。于是，1971年4月10—17日，美国乒乓球协会的4位官员和科恩、雷塞克等9位运动员以及一小批美国新闻记者经香港抵达北京，科恩等成为自1949年以来第一批获准进入中华人民共和国境内的美国运动员。美国队在北京和上海进行了两场比赛，还游览了长城，参观了清华大学等地。周恩来总理在人民大会堂接见了美国乒乓球队。几乎同时，尼克松宣布了一系列对华开禁措施。

作为回报，美国乒乓球队邀请中国乒乓球队访问美国。1972年4月，中国乒乓球队回访美国。而就在美国乒乓球队访问中国的3个月后，1971年7月，美国总统尼克松的特使——国家安全事务助理基辛格博士秘密抵达北京，同周恩来进行了高级会谈。紧接着，1972年2月21日，尼克松访华，中美关系终于走向了正常化发展的道路，并为后来新中国的国际发展奠定了重要基础。中国和美国不拘一格，独辟蹊径，通过乒乓球来实现中美的外交谈判，可以说是小球转变大球的成功之处，是全世界为之叹服的外交创新案例。

毋庸置疑，竞争的确给体制创新带来了巨大的动力。国家为了取得更强的经济、政治、外交实力，就不可避免地要考虑进行各种形式的创新，例如改革原有的经济体制、推倒旧的政治理念或措施、实施不同以往的外交办法。

然而，另一方面，竞争所产生的体制变革也有可能导致破坏性的后果。20世纪50年代，为了"超英赶美"、推动经济增长而实施的"大跃进"，炼出了数以亿吨的残差次品钢铁。"棱镜门"揭示，为了在国际竞争中占据上风，美国国家安全局可以对即时通信和既存资料进行深度的监听，许可的监听对象包括任何在美国以外地区使用参与计划公司服务的客户，或是任何与国外人士通信的美国公民，这严重地侵害了美国公民和其他国家公民的隐私，也严重地侵犯了其他国家的主权。在中国的改革开放中，为了追求GDP的迅速增长，很多省市忽视环境污染、能源消耗的问题，以资源和环境为代价进行经济建设，青山绿水不见了，剩下的是光秃秃的山头和臭水沟、烂泥潭；一些地方以为建个开发区、多盖几栋楼就能跑步进入城市化，然而在房地产开发的过程中定位不准、缺乏规划、不做调研，最后建成了一座座无人问津的"鬼城"。就在今天，为了争夺为数不多的优秀人才，中国的各大高校为"杰出青年""长江学者""千人计划"纷纷开出了高价，相互拆台、互相挖脚，形成了世界高等教育领域一道独特的风景线。如今，中国各级政府开高价吸引海归人才，这也导致一些人为了拿到高薪而伪造虚假信息，按照经济学理论就叫"逆向选择"，例如上海交通大学的陈进教授发明"汉芯"，骗取了无数的资金和荣誉；也有可能"为名所累"，戴上了各种各样头衔的帽子之后在巨大的工作负担之下难以持续，例如中科院女科学家、"青年千人"赵永芳因病离世，年仅 39 岁。

不仅于此，由竞争所导致的变革结果甚至有可能是灾难性的。国家与国家之间的竞争尤其如此。在中国古代史上，元清两朝少数民族进入中原地区之后，为了稳固其统治基础，对汉族实施了屠杀、焚书、愚民政策；在来自西方的竞争压力面前，为了维护"普天之下莫非王土"的理念，明朝有意地忽视西方科学技术，拒绝开放，实施海禁，闭关锁国，使中国的科学技术迅速地落后于文艺复兴之后的西方世界；清朝在维护虚无缥缈的"天朝上国"幻象方面比明朝有过之而无不及，从而进一步加剧了落后状态，导致在1840 年之后的近百年时间里中国被西方列强欺凌掠夺。更不要说由于争夺有限的生存空间和资源，先后爆发了两次世界大战了。就在第二次大战结束后，美苏两强仍然为了竞争世界霸权而展开了惊心动魄的"冷战"，在古巴导弹危机中甚至把整个世界推到了毁灭的边缘。

因此，我们不得不提出这个问题：在什么情况下，由于竞争导致的体制变革会成为有价值的创新？而在什么情况下，由于竞争导致的体制变革会导致破坏性的甚至灾难性的后果？

这个问题恐怕并不是无关紧要的。尤其是，我们看到，在科幻小说《三体》中，由于地球文明与三体文明之间的竞争，先后产生了几种结果：首先是占据科技优势的三体文明打算消灭地球文明，地球文明处于崩溃的边缘；然后是在地球文明的威慑下出现了一种动态平衡（被迫的和平共处），地球文明甚至借此实现了跨越式的科技进步，而这些是在最极端的集权体制下（整个地球文明只有一个最高领导"执剑人"）实现的；最后，由于坐标被暴露，三体文明被摧毁，而地球文明最终也没有逃脱被宇宙更高级文明所摧毁（二维化）的命运。这样戏剧性的变化，正是由于两种文明之间的竞争所导致的。说到底，"黑暗森林"理论正是竞争的一种极端情况。宇宙中的不同文明之间的生存竞争，导致出现了"公开即毁灭"的悲剧性结局。表面上看，这是由于技术发展水平的差距导致的；可实际上，它反映的是不同文明体制的生存机会的竞争。因此，对于这个问题的思考，恐怕不仅仅局限于人类文明的范畴，而是值得扩展到更大尺度。

第六节
李约瑟难题的体制解

讲到创新与体制之间的关系，就不得不再次提到那个著名的"李约瑟之谜"：创造了古代科学技术辉煌成就的中国，为什么近代科学技术落后了？

尽管对这个谜存在各种解释，然而不得不说，制度学派发出的声音是最为响亮的。

必须看到，欧洲在罗马帝国崩溃后缺少一个统一的政治权力中心，教权与俗权、王权与贵族、领地与城市的多元权力中心并存，而在经济结构上实行封建领主制。中世纪的黑暗统治加上战争、自然灾害等各种因素的影响，使得公元 14 世纪初到 15 世纪中期，欧洲经济陷入了萎缩和危机，封建领主制的迅速瓦解、相对独立的工商业城市化的兴起使得经济体形式更加多元化，为商品经济和贸易的发展提供了基础；而生存和竞争的需要又迫使欧洲把目光投向海外，航海和地理大发现为原始资本积累了大量的财富，为资本主义在欧洲的产生及提速提供了物质保障。

反观中国，经济制度上实行以租佃制为主的封建地主制，政治上是大一统的中央集权的赋税制及官僚层级制度。在经济生活方面，租佃制的农民比领主制的农民有较多的自由和灵活性，也更有生产积极性，这种经济形式更具有灵活性和自我调节能力。封建地主经济的这种适应性和顽强性对中国封建社会的长期维持起到了重要作用。再加上统治者出于社会稳定的需要，实行重农抑商的政策取向，长期压抑打击商人阶层和商业资本，商业、资本主义萌芽始终难以完全依靠自身力量成长起来。可以想象，假如没有 19 世纪来自西方列强的强大外部压力，中国的封建制度是否能在 20 世纪初寿终正寝，还很难说。①

在政治制度上，封建社会的中国往往具有一个强有力的中央权威、金字塔型的官僚层级体系，并且实施对普通百姓具有诱惑力的人才选拔机制——科举制，在整个制度体系中有层层控制、有官吏间相互牵制、更有面向基层大众的激励机制，从而形成了一个超稳定的政治结构。尤其是，宋太宗赵光义时便开始全面海禁；在明代，从 15 世纪的郑和下西洋之后，海禁政策愈加严格，因此外部的商品经济、资本主义的氛围始终无法找到进入中国的窗口。

重农抑商的政策取向，使得创新的商业化难以实现，价值链条的不完整制约了创新者的积极性。以文为主导的、忽略理工类学问的人才选拔机制，使得创新者在社会阶层中处于中下层，"市农工商"的排位顺序决定了创新者的呼声是不被重视的。前所未有的封闭体制，使得中国的经济、科技、文化与其他世界几乎处于绝缘的境地，创新赖以存在的开放、自由、交流的环境无法营造，更制约了近代中国的创新活动的开展。

就在中国的科技发展陷入了停滞的时候，西欧却开始了伟大的文艺复兴。

产权经济理论所揭示的制度问题更加深刻。一方面，中国古代法治缺失，统治者为所欲为，私有产权无法得到法律的保护；另一方面，宪政缺失，国家权力滥用，掌权者暴力执法，社会没有民主。在中国古代，皇帝贵为天子，掌握着国家的一切大权以及物品的最终产权甚至人命的最终裁量权，"普天之下莫非王土，率土之滨莫非王臣"；但中国疆土辽阔，最终的管理权由各地官员代为实施，官员手中权力巨大，但监督机制缺乏，因此极易滋生腐败。在这种法治和宪政同时缺失的政治环境下，商人阶层更愿意与官僚阶层结成非正式联盟而不是依靠正式的法律法规来保护自己的私有财产，打击竞争对手。中国历史上，官商联姻的例子数不胜数。正是中国古代的集权和官僚体制使得真正意义的产权制度无法产生，也没有为科学革命和工业革命的发生提供制度土壤。

---

① 孙晔．近年来经济学界关于"李约瑟之谜"研究述评 [J]．教学与研究，2010，（3）：86-91．

相对地，自中世纪以来，西方国家极为重视私人产权的保护，即使是国王、皇帝也不能为所欲为，必须尊重私人财产的产权。同时，西方对于知识产权也给予了极高的尊重，建立了健全的专利和发明保护制度，从而为科学革命的发生奠定了基础。在某种意义上，这种私人产权保护的制度与民主制度是一脉相承的。有了德先生（democracy）的土壤，赛先生（science）就适时地出现了。在18世纪后的西方，科学实验室如雨后春笋般出现，发明创造逐渐由经验型转向科学实验型，并且发明创造的成果有比较完善的产权制度保护，使得实验的成果能够投入生产，进行盈利。我们看到，瓦特在蒸汽机技术的产业化运用过程中，主观上运用知识产权来保护自己的权益，客观上推进了先进的蒸汽机技术的产业化。这是创新历史上的一个经典案例（见本书第五章）。

而在中国古代，虽然产生了火药、指南针等伟大发明，但由于私人产权制度的缺失，无法发生科学革命和工业革命。在中国，大多数的技术发明都源于工人的经验，并且是依靠家族或者师徒的方式来进行保密和传承，没有专门的制度来鼓励和保护发明创造，甚至将发明创造视为"奇技淫巧"，成为达官显贵的玩物。在这种私人产权制度严重缺失的经济环境中，人们几乎无法从创造发明中得到利益回报，发明的积极性受到遏制，这是近代中国没有产生科技革命和工业革命的一个重要原因。①

在谈论创新的时候，人们往往大谈特谈技术创新、科学创新，还有后来的产业创新，却对体制方面的创新视而不见。这是不公平的。至少，在地球世界，在人类社会的进步历程中，体制创新是一个不可忽视的甚至不可替代的因素。我们看到，科学的突破、技术的进步、产业的发展，只有在合适的土壤中才能发轫，而提供这片合适土壤的正是体制。风起云涌的体制创新，谱写了人类社会发展进程中波澜壮阔的华彩篇章。

---

① 柳晨.制度变迁角度对李约瑟难题的解释[J].当代经济，2015，（22）：132-133.

第五章

产业的变革：
用价值去征服

创新是一定要产生价值的。技术创新所产生的新技术，可能会得到创业者、企业家、资本家的青睐，因而比较方便地在产业中实现价值。科学创新要实现价值可能比较难以度量——万有引力定律创造了多少价值？哥德巴赫猜想的价值又是多大？很难说。体制创新同样如此——英国的光荣革命、美国的独立战争、中国的洋务运动都产生了多少价值？面对这些问题，人们恐怕无所适从。

用英镑、美元、人民币的数额来衡量某项科学发现、技术发明或某种体制变革的价值是很难的。这些数字更多的是用来衡量某个产业的价值，比如汽车产业、航空航天产业、人工智能产业、虚拟现实产业。在产业领域发生的创新，是普通大众看得见、摸得着的。

创新的落脚点在产业和社会，在今天人们已经就这一点达成了共识。企业家、经理人、资本家和创业者们殚精竭虑、前赴后继，去寻找最有价值的项目，去开发最有前景的市场，去获取最丰厚的利润。在产业中，人们就是要用创新这个杠杆，去开发出最大化的价值，去征服世界。历史上，产业领域的创新此起彼伏，一次又一次的奏响了惊心动魄的交响乐。

第一节
第二次浪潮

按照阿尔文·托夫勒（Alvin Toffler）的划分方法，从约 1 万年前开始的农业文明阶段是第一次浪潮，从 17 世纪末开始的工业文明阶段是第二次浪潮，从 20 世纪 50 年代后期开始至目前为止兴起的信息化（或服务业）则是"超工业文明"浪潮——第三次浪潮。

第二次浪潮其实包含了两次工业革命。在 18 世纪 60 年代—19 世纪中期的第一次工业革命中，出现了飞梭、珍妮纺纱机、抽水马桶等发明，并被应用于生产生活实践。然而要论影响最广最深远的创新成果，莫过于詹姆斯·瓦特（James Watt）的蒸汽机的发明及其产业化。

大约在 1763 年至 1764 年间，以修好格拉斯哥大学用于课程教学的钮科门（Newcomen）蒸汽机模型为契机，瓦特投入设计和制造高效蒸汽机的创新探索之中。1765 年，瓦特构想出分离式冷凝器的设计，将汽缸和冷凝器分开，彻底解决了汽缸保持高温，同时蒸汽在冷凝器中温度得到降低的问题。然而，要把理论模型转化为实际产品，对一名仪器制造员来说，经费和制造方面的困难可想而知，瓦特也从此走上了一条艰巨的蒸汽机创新之路。实验耗资巨大，效果却不佳，很快他就债台高筑。

此时，瓦特被介绍给罗巴克（John Roebuck），使瓦特的蒸汽机研制迈出了重要的一步。罗巴克是著名的卡伦炼铁厂的创始人，是位有事业心的企业家，对科学研究有着无比的热情。罗巴克投资了煤矿开采，需要高效抽水机排水。了解到瓦特的发明后，罗巴克帮他偿还了 1000 英镑的债务。他们还签订了一份合同。合同约定罗巴克为蒸汽机的研究和工业应用提供资金，保留 2/3 的利润作为报酬。正是这份合同为瓦特蒸汽机研制提供了技术创新的平台。

经过努力，瓦特终于在 1769 年 1 月得到具有历史意义的第一份专利：分离式冷凝器的发明。但新式蒸汽机建造是艰难的，即使卡伦炼铁厂这家苏格兰第一流工厂拥有的优良设备，也未能达到瓦特对制造的要求。1769 年 9 月，第一台瓦特蒸汽机样机完工，结果却令人大失所望。加工工艺的缺陷和优秀技术工人的缺乏，限制了瓦特蒸汽机功能的实现。蒸汽机达不到预想的实用效果。这时，罗巴克也陷入经济困境，试验再次停顿下来。在之后的几年里，瓦特只能靠从事运河测量和建设工作养家糊口。1773 年，罗巴克破产。幸运的是，此时富商博尔顿（Matthew Boulton）出现了。

博尔顿是"英国的第一流工厂主"，建有一个模范工场，拥有最新式的机器和熟练的工人。博尔顿几年前就听说了瓦特的发明，对此极为关注。罗巴克破产后，合同转给了博尔顿。博尔顿冒险开拓的企业家精神使他敢于对这样的创新技术继续进行投资。瓦特蒸汽机的创新终于又能够在一个全新的小生境下继续向前发展。博尔顿对研制工作非常重视，他把自己当成蒸汽机"助产士"。瓦特再次投入实验之中，把发动机的锡质汽缸换成了一个高度精确的铁铸汽缸，这是博尔顿的企业家朋友威尔金森（John Wilkinson）用自己 1774 年年初发明的新式镗床加工的。瓦特蒸汽机的研制终于有了显著进展。在博尔顿的熟练工人协助下，到 1774 年 11 月，机器终于能够正常运转了，性能大大超出当时已有的市场机器。在创新技术小生境的孵化中，瓦特蒸汽机终于逐渐从构想变成了现实。

1775 年，他们合伙建立了"瓦特－博尔顿公司"。该公司以发明权为总股份，瓦特占 1/3，博尔顿占 2/3。虽然这个公司自己生产过少量蒸汽机样机，但是在后来大批量生产蒸汽机时，整机的生产是卖主自己或委托其他工厂加工生产的，瓦特的公司主要是出让专利使用权，负责整机设计方案、加工指导，进行整机组装、指导和运行维护，工人的培训等，这些都是工业研究实验室的特征。这个公司既进行基础研究（汽化潜热，整机工作原理等），又进行技术开发（如往复运动转变为旋转运动、转速自动控制等），还进行蒸汽机整机产品的研发。这实际上是一个按股份制运作的工业研究实验室。[①]博尔顿为瓦特蒸汽机提供的是一个更加优越的创新成果产业化的平台。按照法国史学专家芒图（Paul Mantoux）所说："博尔顿交给瓦特支配的东西是大工业的资源以及几乎是大工业的权力。"

蒸汽机试验的成功鼓舞了瓦特和博尔顿，但艰难的产品中试也耗费了大量宝贵的时间。到 1775 年，分离式冷凝器的发明专利权只剩下 8 年有效期（1624 年英国颁布的《垄断法规》规定，新技术的专利权期限不超过 14 年），而要成批生产并从新机器的销售中获得利润，可能还需巨额的投资和长久的时间。如果失去专利的保护，这项投资的风险就太大了。

分离式冷凝器是瓦特最重大的一项创新，也是瓦特蒸汽机的核心价值所在。有鉴于此，他们放弃申请新的专利，转而通过提交"关于个人利益的议案"的请愿书，希望延长分离式冷凝器的专利权期限。博尔顿请求议员在下院提出申请书，并向当时的商务部大臣达特茅斯勋爵（Lord Dartmouth，

① 蒋景华. 科学实验与产业化生产相结合，促成了蒸汽机的发明——瓦特发明蒸汽机过程的启迪 [J]. 实验技术与管理，2010, 27（1）: 5-8.

William Legge）写信求助。经过调查，政府在 1775 年 5 月颁布法令，将其专利权期限从 1783 年延长到 1800 年。显然，政府并未囿于成规，也正是政府此次灵活的政策，才会有瓦特蒸汽机后续的创新和成功。来自政府专利期限延长的正确决策，有力地保证了瓦特蒸汽机的未来市场应用，刺激了瓦特继续改进完善的决心，也巩固了他和博尔顿合作的基础，对瓦特－博尔顿公司具有决定意义。这也体现出政府政策对一项新兴技术能够成功进行产业推广所起的巨大的引导和支持作用。

没有后顾之忧的博尔顿终于可以放手对项目进行投入。据估算，博尔顿为蒸汽机研发总共投入了 4 万多英镑。这在当时是个天文数字。

有着经营头脑的博尔顿在 1775 年很快就为发动机找到了订货的买家，并说服瓦特在当年就设计制造出两台商用发动机。两台机器都非常成功，它们的煤耗量还不到当时纽科门机器用量的 1/3。其中，布鲁姆菲尔德煤矿的一台蒸汽机开工使用时还举行了一个仪式，在 1776 年 3 月 11 日的《阿里斯伯明翰报》得到了报道。或许是对议会专利延期的致谢，这台抽水机被命名为"议会号引擎"。通过示范工程，瓦特蒸汽机这项新技术得到了检验和完善，并向客户展示。

在当时虽然瓦特蒸汽机在性能上大大提高，也节约了煤炭，但对煤炭资源丰富的煤矿主来说，这种优越性就不甚重要了，况且用新机器还需向瓦特－博尔顿公司缴纳额外的专利权使用费，因此，在煤炭矿区推广新机器并不容易。瓦特和博尔顿将目光转向了康沃尔铜矿区，这里煤炭价格极高，并且随着矿井越来越深，纽科门机器难以发挥作用。结果，康沃尔铜矿的工程师在参观了"议会号引擎"抽水机后，立刻意识到其价值。

康沃尔铜矿区不同于煤矿的产业需求为瓦特蒸汽机提供了难得的市场新机遇。此后，"议会号引擎"同款的抽水机被源源引进。瓦特和博尔德采取的商业模式是向客户收取专利费：除了机器的制造费和安装费用之外，将瓦特蒸汽机的抽水效率和用纽科门蒸汽机的抽水效率相比较，从抽水中节省的燃烧费中抽取三分之一作为酬金。这需要相当精确的量化，这种量化既是销售蒸汽机的商业模式，也贯穿了瓦特的研发过程。①

① 何继江. 科学和技术分别为瓦特蒸汽机的发明贡献了什么 [J]. 科学学与科学技术管理，2012，33（4）：13-18.

当康沃尔的铜矿主们习惯使用瓦特蒸汽机之后，他们对于需要支付高额的专利费用也日渐不满。1780 年，全郡的矿主向议会请求取消专利权。这场官司一直打到 1799 年。

在那段艰难的日子里，瓦特－博尔顿公司一直步履维艰，未实现盈利。为了摆脱困境，在变卖一部分财产之后，1780 年博尔顿又以抵押方式从伦敦的银行家筹得 1.7 万英镑，他还向其他地方的银行家以发动机专利权税为担保筹措钱款。面对庞大的债务压力，技术人员出身的瓦特打起了退堂鼓。但身为企业家的博尔顿一方面千方百计为新蒸汽机的研发四处筹款，另一方面还在积极思考蒸汽机新的市场应用。

敏锐的博尔顿发现许多磨坊主都盼望使用蒸汽推动的碾磨机，立即预见了在磨坊中旋转式发动机的市场应用前景。在他的推动下，瓦特陆续发明了从蒸汽机中获得旋转运动的几种方法。1781 年，瓦特获得了他的第二项专利，那就是"太阳与行星"齿轮联动装置的专利，这种装置将发动机的直线往复运动转化为圆周运动，从而能够带动其他工作机的运行。这是瓦特蒸汽机创新过程中取得的重要突破之一。从此，瓦特的蒸汽机从改良的火力机转变为通用的动力机，其应用范围也随之得到极大的扩展。发明旋转式蒸汽机的推动力与其说是发明家瓦特，还不如说是具有杰出市场意识的企业家博尔顿。

接下来，1782 年，第三次重大技术创新——采用双向汽缸、直接利用蒸汽膨胀推动活塞运动的双作用发动机产生之后，瓦特蒸汽机的工作原理已经完全有别于纽科门蒸汽机，成为真正的瓦特发动机。1784 年，瓦特获得平生最感自豪的平行传动装置专利。这一装置极大地提高了发动机传动的稳定性和耐久性。

瓦特蒸汽机经过不断的技术创新变得完善，成为高效的机器，而已在市场上应用 60 多年的纽科门机器，则为瓦特蒸汽机的全面应用开辟了道路。相对于纽科门机器 0.5% 的热效率，瓦特蒸汽机热效率达到 4.5%，热效率提高将近 10 倍。

随着它在工业中的应用越来越广泛，瓦特－博尔顿公司在 1786—1787 年终于偿还了所有的债务，从其庞大的投入中开始获取利润。1790 年，丰厚的专利税已经使瓦特成为一个富有的人。

在英格兰和苏格兰的炼铁行业中，瓦特蒸汽机带动了鼓风机、滚轧机和汽锤，这些机器发出的轰鸣声成为这个行业的特征。在煤矿里它用于抽水和把煤输往地面。蒸汽机也用来推动磨机，如面粉磨、啤酒厂的麦芽磨、陶器工业用的燧石磨等。其中，伦敦的阿尔比恩碾磨厂在社会上带来广泛的影响，它成为旋转式发动机的一种上好的广告。1790年，该厂一周之内就磨出了价值6800英镑的面粉，这种产量在当时是个奇迹。英国纺纱业的快速发展也为蒸汽机应用带来了市场。1785年鲁宾逊纱厂率先使用瓦特蒸汽机纺纱，之后其他的纺纱业大工厂主纷纷使用。从1794年起，保守的毛纺厂也渐渐引入了蒸汽机。①

后来，另一个好消息传来。在与铜矿主们旷日持久的诉讼后，政府再次维护了瓦特蒸汽机的专利权利。1799年，合伙公司领到了3万镑以上的欠付的使用费。这一时期，虽有同样研制蒸汽机的竞争者，但瓦特－博尔顿公司受到专利权的保护，从而成为生产和出售蒸汽机的唯一企业，这一优势也使得他们有机会不断改进完善瓦特蒸汽机。美国经济学家道格拉斯·诺斯认为，工业革命之所以能够在英国率先发生，就是因为建立起了对财产权（尤其是知识产权）的有效保障制度。

瓦特蒸汽机专利于1800年到期，64岁的瓦特选择了退休。此时，已经有496台瓦特蒸汽机在英国的矿山、金属加工场、纺织厂和啤酒厂里运行，包括308台旋转式蒸汽机，164台泵机和24台鼓风机。到1830年，蒸汽机的应用情况大概是：在大型工厂中多使用瓦特机；在较小企业中通常使用蚱蜢式和台式蒸汽机；在矿山和水利工程中供提水用的一般是特里维西克高压蒸汽机；在航运中推动汽船明轮的是侧杆式蒸汽机；铁路蒸汽机车的实践则还处于萌芽阶段。②

相比而言，与英国隔海峡相望的法国，1820年全国只有30台蒸汽机，到1848年增加到5400台，总功率6.5万马力；到1869年猛增到3.2万台，总功率多达32万马力。

从18世纪末起，瓦特蒸汽机终于在英国全面取代了水力发动机和钮科门蒸汽机，不仅形成了庞大的蒸汽机产业，而且对其他工业部门产生了巨大、广泛而深远的推动力。创新的技术使得工厂从河流旁搬到人口集中的城市里或是资源集中的地方，极大地推动了社会生产的进步和发展。英国1700

① 迟红刚，徐飞. 瓦特蒸汽机技术创新的社会视角分析 [J]. 科学与社会，2015，5（4）：102-114.

② 查尔斯·辛格，等. 技术史：工业革命 [M]. 第4卷. 上海：上海教育科技出版社，2004.

年的煤产量约为 300 万吨，由于引入蒸汽机，到 1800 年总量翻了一番。到
1850 年，蒸汽机已经成为英国工业的主要动力，煤炭年产量增长到 1700 年
的 20 倍，充分展现出创新驱动发展的巨大作用。

蒸汽机发明以后，不仅纺织业中的水力机被很快排挤，而且几乎所有工
业部门中的水力机和畜力都被逐步排挤。到 1835 年，英国棉纺织业使用的
蒸汽机至少提供了 3 万马力的动力，而水力动力仅为 1 万马力。1839 年，
全英纺织业使用的蒸汽动力已发展到 7.4 万马力，而水力动力降至 2.8 万马
力。到 1850 年，手工织布机几乎完全绝迹，基本上被机器织布机（主要是
蒸汽动力织布机）取代。到 1856 年，全英棉纺织业使用的蒸汽机动力已高
达 8.8 万马力，而使用的水车动力已降至 9130 马力。

蒸汽机还很快在全世界的交通运输业产生了巨大的扩散效应。1771 年，
法国的居纽研制开发成功公路蒸汽马车；1807 年，美国发明家富尔顿研制
试航成功第一艘实用的蒸汽轮船"克勒蒙特号"；1814 年，英国的斯蒂芬
森研制成功第一辆实用的蒸汽机车——火车头，1825 年又改进完善、研制
试车成功"旅行号"；现代大型蒸汽机车的功率可达到数千马力。无论是从
技术原理上看，还是从工业革命的具体历史看，或者从它们在生产实践和科
学实验中的实际作用看，称瓦特的蒸汽机为工业革命的代表、标志、关键、
核心技术都毫不为过。[①]

从 19 世纪中叶到 20 世纪中叶，人类见证了第二次工业革命。在这段时
期，科学开始大大地影响工业，大量生产的技术得到了改善和应用。

从人类社会最早的时代起，就有机器被发明出来，比如轮子、帆船、风
车和水车。但是，这些发明几乎和科学家、理论研究者没什么关系。大多是
由经验丰富的能工巧匠在日常工作中逐步摸索、点滴积累所开发出来的。学
者们的工作主要还是测算地球绕太阳飞行一周究竟需要多少天，或者用三棱
镜来分解太阳光，或者用死青蛙的大腿来产生电流。总的来说，还是局限在
纯理论领域，看起来都是些奇技淫巧、花花架子，没什么实际用途。那时候，
要说什么把技术成果产业化的概念，那可是让人不理解的；要是有人竟然提

---

① 张箭 . 论蒸汽机在工业革命中的地位——兼与水力机比较 [J]. 上海交通大学学报（哲学社
会科学版），2008，16（3）：56-63.

出把科学知识用于经济和产业的发展，那可是会让人笑掉大牙的。

不过，在第二次工业革命中，这种情况发生了极大的改变。人们对"做出发明的方法"进行了研究，并逐渐建立了体系。机械设计和制造的进步不再是碰巧的、偶然的，而成为系统的、渐增的。从此，人类知道，我们将制造出越来越完善的机器，这些机器比过去的更快、更高、更强有力，我们甚至在造出这些机器之前就能算出来，这些机器比起老家伙来说，究竟能快多少、高多少、强多少。这可是前所未有的。

从 1870 年以后，几乎所有工业领域都受到了科学的影响，例如冶金术、通讯联络、石油化工、地质勘探、机械生产等；甚至在农业领域，无机肥料的生产也得益于科学和大量生产的方法。其中，最为杰出的、最有代表性的例子，莫过于亨利·福特（Henry Ford）所开创的"流水线"生产方式了（在第一章第二节有详细叙述）。

实际上，随着产业革新的进行，人类社会乃至地球世界的方方面面都受到了影响：生产的组织形式发生了改变，使用机器为主的、有固定层级和良好规范以及严密组织形式的工厂取代了手工工厂；生产力得到迅猛提高，物质生活极大丰富；得益于此，地球上的人口数量也以前所未有的速度增加；城市化成为趋势，人口以历史上从未有过的大规模从农村向城市迁移；人们的生活节奏加快，乡村的家族血缘关系逐渐被城市的社会交往所取代；阶级分化，无产阶级登上历史舞台；人对自身力量产生了前所未有的自信，相信"人定胜天"；然而同时也出现了贫富分化、住房拥挤、环境污染、动物灭绝……

第二节
第三次浪潮

1946 年 2 月 14 日，由美国军方定制的世界上第一台电子计算机"电子数字积分计算机"（Electronic Numerical And Calculator，ENIAC）在美国宾夕法尼亚大学问世。为了满足计算弹道的需求，这台计算器使用了 17840 支电子管，大小为 80 英尺×8 英尺，重达 28 吨，功耗为 170kW，其运算速度为每秒 5000 次的加法运算，造价约为 48.7 万美元。这么一个看上去笨重不堪的大家伙的问世却具有划时代的意义，人类社会进入了电子计算机时代。在以后的 60 多年里，计算机技术、互联网技术、信息技术的惊人发展，引领了托夫勒所说的"第三次浪潮"。

20 世纪 90 年代后期，在信息技术高速发展和政府相关政策激励下，美国纳斯达克市场掀起了一场互联网产业引领的投资热潮。在 1995—1999 年，美国总计有包括亚马逊、雅虎在内的 1908 家公司上市，1999 年新上市公司有 78% 来自科技领域，共有 289 家与 IPO 相连，筹集资金 246.6 亿美元。在 1991—2000 年，美国政府将信息技术产业的发展提升到国家战略高度，信息技术产业占美国 GDP 比重从 1990 年的 6.1% 上升至 2000 年的 9.5%。

如今，美国互联网产业领域的企业数量繁多，既有全球知名、行业地位高、技术力量雄厚的互联网大企业，包括苹果、谷歌、脸书、推特；也有为互联网提供各类基础技术服务的大企业，如 IBM、微软；还有众多依托互联网进行创新的新兴商业模式企业，如分享出行领域的优步、房屋分享领域的 Airbnb、市值高居全球第一的 B2C 零售商亚马逊、C2C 零售领域的易趣、互联网金融领域的借贷俱乐部、视觉社交网站拼趣、全球知名的网络旅游公司亿客行、在线职场服务公司领英，等等。

在中国，则有阿里巴巴、腾讯、百度、京东、滴滴、优酷土豆、淘宝、华为、小米等。依托庞大的人口基数这一任何人都不能忽视的市场规模，中国在互联网、信息化社会构建方面已经取得了长足的进步。尽管美国在治理机制、底层技术、内涵式发展方面具有强大的优势，但是中国在应用、融合、规模扩张、商业模式创新等方面也展示出了雄厚的实力。

如果说在普通意义上的"互联网"领域，中国企业能够运用对中国市场的深刻理解，用花样百出的商业模式创新来提供多种多样的针对个人用户的服务（也就是 2C 端）；那么在云计算、大数据、物联网、智能制造、能源互联网等更多面向组织和企业的领域（2B 端），中国企业还有很长的路要走。在这方面，德国作为制造业的传统强国，美国作为互联网经济的引领者，有许多值得中国产业界学习和借鉴的地方。

德国工业 4.0 强调生产制造过程本身的智能改造。例如，德国的西门子分别在德国、美国和中国建成了示范性数字工厂，这些示范工厂以高水平的数字化、自动化与智能化著称，被视为迈向工业 4.0 的基础。

2012 年，美国的通用电气公司提出工业互联网的概念。从那以后，信息物理系统（Cyber-Physical System）、时间敏感网络（Time Sensitive Networking）、边缘计算等新一代网络技术引起全球普遍关注。工业互联网更强调生产制造的效率目标。通用电气（GE）从 2012 年开始投建一个用于生产先进钠镍电池的工业互联网试验工厂，在整个 16000 多平方米的厂区内安装了 10000 多个连接内部高速以太网的各种传感器（Fitzgerald，2013）[1]。这个工厂是以数据收集、分析、处理，进而改善流程、提高效率著称。

美国的 Alphabet 公司在人工智能方面投入了大量的资金，在自动翻译、机器推理等诸多方面处于业界领导者地位。美国还强调人工智能的实际应用，在机器人领域有其专业优势，例如谷歌还专注于研发医疗、辅助、仿人、工业、机械手、移动机器人，其旗下的谷歌－埃蒂孔和泰坦医疗都是业内的领先机构。物流领域的菲契机器人、洛克斯机器人、艾曼机器人在物流智能化方面有其独到之处。亚马逊公司将机器人在物流领域的应用推到了极致。截至 2016 年 8 月，美国的工业互联网的应用案例就已经达到 40 个。[2]

在美国，信息通信企业依托云计算、大数据、物联网、人工智能等技术优势，不断增强对工业企业的服务能力，拓展线上线下融合的网络新空间。IBM Bluemix、思科的 Jasper 和 PTC Thing-worx 等平台不断向工业领域拓展，为工业互联网提供通用的连接、计算、存储能力。微软将工业领域作为 Azure 云平台拓展的重要新领域，传统领域成为其"云优先"战略的重要方向。GE 的 Predix 和西门子的 MindSphere 相继部署于 Azure，得到了微软在云服务基础设施、人工智能、数据可视化等方面的支持。[3]

电子信息通信产业的发展，只是第三次浪潮的众多壮阔的波澜中的一

---

[1]　Fitzgerald，M. An Internet for Manufacturing[EB/OL]. The Next Wave of Manufacturing. http://www.technologyreview.com/news/509331/an- Internet- for- manufacturing/. 2013-01-28/2015-01-26.

[2]　李丽，李勇坚. 美国在互联网产业的布局与政策趋势 [J]. 全球化，2017，（7）：67-78.

[3]　王欣怡. 美国工业互联网发展的新进展和新启示 [J]. 电信网技术，2017，（11）：37-39.

个。多样的可再生能源、新材料、航空航天、海洋产业、人工智能、遗传工程和生命科学……第三次浪潮对人类社会的方方面面产生的冲击不可估量。

就在不远的未来，我们可能坐在由最新的纳米技术制作的防火、隔热材料所搭建的冬暖夏凉的屋子里，由太阳能发电系统供给所需要的电力，用各种传感器监控着房屋内外的各个角落。我们可以用平板电脑、手机等终端设备上网工作，了解工厂的生产进度并处理一些问题，或者来一段 3D 游戏，或是看一部全息电影，或者与家庭机器人玩个游戏。我们的餐桌上摆着用基因工程生产的苹果、三文鱼、黄瓜、西红柿和白米饭。孩子的课程包括了与太空中的宇航员朋友进行"太空课堂"的学习和实时互动，也有和深海潜航员交流马里亚纳海沟里奇妙的生物种群。出门，我们可以乘坐自动驾驶汽车，完全不用担心自己的驾驶执照已经过期；当然，我们也可以选择驾驶单人飞行器，这项技术已经完全成熟，没有任何安全问题，也不会引起空中交通堵塞，因为空中交通路线规划也已经完全成熟，一切都井井有条……所有这一切之所以成为可能，都要拜第三次浪潮所赐。这不仅仅是技术的成功，更是技术成果产业化所取得的突飞猛进的进展。创新已经走入了千家万户，给人类的生产生活带来了实实在在的改变。

第三节
中国产业创新的七宗罪

自从 1978 年 12 月中国开始改革开放以来，中国的产业界突飞猛进，取得了长足的发展。建立在坚实的产业增长的基础上，中国的 GDP 年增长率达到了 9.6%。这几乎是令人匪夷所思的数字。很快，中国人的腰包就鼓了起来，里面装满了购买力比过去更强的人民币，甚至现在的很多中国人都已经很少使用纸币，取而代之的是智能手机上的支付宝、微信钱包和各种令人眼花缭乱的二维码。中国游客的购买力之强、消费意愿之旺盛，令曾经高高在上的西方世界瞠目结舌。甚至，中国人已经不满足于购买产品，而是渐渐地把目光投向了具有投资价值的西方企业，例如沃尔沃（Volvo）、M.A.i. 等。这已经引起了发达国家的不安甚至恐慌。一份德国经济部的内部文件显示，德国经济部长希望"更好地保护德国公司免受中国投资者的影响"，要求将中国企业收购德国公司股权的审查线，从之前的 25% 降低到 20%、15% 甚至 10%，以限制中企购买德企股份。

然而，中国产业界真的就已经强大了吗？我们的创新水平真的已经很高了吗？事实上，在创新领域，中国的产业界还有着令西方产业界不齿的七宗罪。

一、模仿为主，原创为辅

中国的"山寨"手机曾经是手机市场上的搅局者。在 21 世纪的前十年里，使用中国台湾联发科的 MTK 芯片的"山寨"手机把诺基亚、摩托罗拉、爱立信等手机巨头们搅得头疼不已。

"山寨"手机往往能够实现多重功能，手写，铃声声音超大，电池标称。手机包装盒上什么都敢印，除了自己的真实厂址。这些手机功能极其丰富，价格极其低廉，外观极其新颖，质量极其不可靠。"山寨"手机之中出现了不少独步世界的外观创新、工艺创新，很多奇怪的技术和设计被组合在一起，这些组合可能是侵权的，却实现了比正牌手机丰富得多的、五花八门的功能。

"山寨"手机厂商大多逃避政府管理，它们不缴纳增值税、销售税，不用花钱研发产品，又没有广告、促销等费用，所以价格仅是品牌手机的 1/3。随着手机牌照的取消，绝大部分山寨手机"改邪归正"，开始走合法化道路，其中包括了金立、天语等手机品牌。于是，拼装这些手机的厂商摆脱了地下加工厂的地位，成功"上岸"，踏入了国产手机的正规军行列。

"山寨"手机的市场空间在哪里？在中国的中小城市和农村市场上，消费者往往更加注重手机的价格低廉、功能多样性、外观新颖性（或者模仿某个大品牌的外观），对品牌、通话质量等方面的诉求相对较低。正是因为如此，外资品牌往往觉得在农村市场"赚不到钱"，因而重视程度远远不够。于是，"山寨"手机往往采用"农村包围城市"的市场策略，这既可以有效避开与诺基亚、三星、摩托罗拉等国际品牌之间的直接竞争，也可以利用功能强大、价格低廉等优势对抗国产大品牌。以在校学生、农民工为代表的低收入人群比较容易接纳"山寨"手机。

然而，强劲的市场表现并不能抹去"山寨"手机的原罪——对国内外正品手机的模仿和改造，基本上是没有得到许可的，因而是侵权的、违法的。在中国已经全方位加入国际经济贸易体系的今天，这样的做法越来越遭到国际产业界、知识产权界的诟病。事实上，要求中国政府严打"山寨"手机、保护知识产权的呼声从来就没有停止过。"山寨"手机损害的不仅是跨国公司的利益，也有中国本土正规手机厂商的利益。试想，当真正的创新者把自己引以为豪的杰作呈现在世人面前，却发现在眨眼间就冒出了数以百计的未经许可的仿造者、抄袭者，这样的市场环境怎么能激励创新者们真正平心静气、心无旁骛地从事原创的、突破性的创新？

二、关注渐进，轻视突破

海尔的小小神童洗衣机是中国企业的一个经常被提及的案例。在 1996 年的时候，海尔公司意识到了每年夏天都是传统洗衣机的销售淡季，而主要原因是市场上缺少小容量、高使用频率、及时洗、易搬运、省水省电的洗衣机品种。通过对市场的深入调查研究，海尔明确这是洗衣机市场的一个空白点，是一个很有发展潜力的潜在市场。于是，海尔抽调了一批研究人员，投入千万元开发费用，开始了迷你型洗衣机的的研制开发。在 4 个月以后的 1996 年 10 月，"小小神童"问世。这是第一台开创洗衣机新风尚的迷你型即时洗衣机。

然而，从本质上来讲，小小神童洗衣机并没有实现技术突破，仅仅是将现有的洗衣机进行了小型化，其技术创新是渐进式的。海尔的成功之处在于准确地抓住了中国消费者的需求，也就是后来脍炙人口的"只有淡季的思想，没有淡季的市场"。只要开发出淡季可销售的产品，就可以创造出一个没有淡季的市场。其创新思路仍然是市场拉动型，而非技术推动型。

这在中国的产业界创新中相当普遍。大多数国内的产业创新，不管口号如何震天响，概念如何高大上，其实质仍然是渐进式创新。例如当下红极一时的智能汽车，在很多企业那里就变成了"汽车＋互联网"——只要在汽车身上装两个摄像头，再加个无线上网或 WiFi，就算成了。用这样的概念，就足以到地方政府那里拿到各类优惠政策——土地、资金、税收减免……这样的创新，充其量只能算是渐进式的，而在用户那里，则根本得不到认可。

今天的用户认可的创新是突破式的，例如充电一次续航里程达到 400 多公里的特斯拉（Tesla）纯电动汽车，或者优步（Uber）的无人驾驶汽车，或者德国宝马汽车的无人工厂里那些忙忙碌碌的机器人。然而，能够把创新做到这样的水平，意味着数以亿计美元的投入，外加十多年甚至数十年的冷板凳。有这样的愿景和情怀，有这样的坚韧与执行力，突破式创新才有可能取得成功。国内的产业界，有几人愿意做这样的投入？究其原因，对成本的过分关注可能是一个至关重要的因素。

三、成本导向，忽略价值

在上海漕河泾新兴技术开发区，坐落着一个神秘的单位——微软中国加速器。其官方网站的简介是这么描述的："微软加速器旨在做顶尖、专业的创业服务，始终致力于为中国早期创新创业团队提供人、财、策略、市场拓展的全方位优质服务。我们为入选的创业团队提供 4 ～ 6 个月的位于微软亚太研发集团大厦内部的办公空间，并得到由思想领袖、行业专家及技术专家组成的导师团的扶植与指导；同时，每个入选团队还将得到价值 300 万人民币的微软 Azure 云资源。创业团队一旦入选，所有资源均为免费提供。"

说白了，微软加速器就是为创业企业提供各类咨询与增值服务，以及微软的云服务。不仅如此，微软还为这些创业企业提供与风险投资公司和私募基金见面的机会、与微软的客户见面的机会，而这些公司、客户都是业内顶级的。令人瞠目的是，所有这些服务全都是免费的。然而，并不是所有创业企业都能有这样的幸运，只有那些顶级的、极具发展潜力的、未来能够给微软带来极大的回报的——可能是显性的业务收入，也可能是隐形的配套业务、网络资源等——企业，才能入得了微软的法眼。

微软为什么这么做？这也称得上是一种"情怀"。入驻加速器的创业者们，日日夜夜受到微软文化乃至美国文化的熏陶，技术开发、商业运营、团队建设、投资洽谈……他们甚至组建了自己的乐队，谱写了自己的"创业者之歌"，并录制了唱片，承诺将来重金购买收藏。这种现象，在中国是少之又少的。

实质上，微软看重的不是短期市场回报，而是长期的增长潜力和企业价值。微软做的是对于价值的长远投资。这种价值包括对微软主营业务的支撑、对微软网络效应的倍增、有助于打造微软的生态圈，等等。只要有价值，就可以不计成本。当然，微软的资金和资源实力是足以承担这样的投入的。

然而，同样是资金实力雄厚的大企业，为什么中国企业没有做这样的投入？

在竞争激烈、波动剧烈的中国市场，每一家企业思考的首要问题都是生存，都是降低成本、增加盈利。中国企业思考问题是成本导向的，价值也很重要，但是只能摆在第二位。不挺过今天的狂风暴雨，怎么能奢谈欣赏明日的朝阳？

这种成本导向的思维模式产生了两个后果。一方面，在中国、印度等新兴市场经济体，涌现了大量的"朴素式创新"，例如印度 G&B Manufacturing 公司的价格 70 美元的电冰箱，塔塔公司生产的价格为 2200 美元的汽车 Nano。在中国，这样的朴素式创新也大行其道，包括 1992 年格兰仕开发的低成本、高效能的小型微波炉，1996 年海尔公司推出的"小小神童"洗衣机，迈瑞公司的低价的医疗产品如 ECG 设备，比亚迪通过使用便宜的原材料和优化生产方法来降低锂电池的成本，还有曾经风靡一时的山寨手机，等等。朴素式创新在环境和资源的刚性约束下，着眼于客户需求，尤其是低收入群体的客户需求，并承担起相应的社会责任。朴素式创新方式有六大关键原则：在逆境中寻找机遇、少花钱多办事、保持简单、灵活思考和行动、包容边缘群体、跟随自己的心。这种"凑合"式的创新方式，因为其包容性、灵活性和节俭性，在低收入群体中大受欢迎。但是，我们的企业要走出国门，打入发达国家市场，能靠这些朴素式创新吗？从本质上讲，这种解决方案是"凑合"，是"将就"，而不是"精益求精"，不是"尽善尽美"。没有完美主义的追求，怎么能将事情做到极致？不如此，又怎么能树立口碑、打造品牌？不如此，怎么能够让发达国家的高收入群体认可、接受我们的产品和服务？

成本导向思维的另外一个后果，是价格战普遍存在于中国市场的各个角落。1989 年 8 月，彩电生产商长虹在全国范围内把每台彩电降价 50 元，从而拉开了我国彩电史上的价格战的序幕。从那时起，彩电以及越来越多的行业逐步摆脱了计划经济的束缚，企业取得了营销的主动权；另一方面，国产品牌充分发挥了价格优势，在彩电、冰箱、洗衣机、空调等家用电器领域逐步占领了大量的市场份额，并且为自身的技术创新、技术变革争取了时间和空间。然而价格战是一把双刃剑，它在为中国企业争取市场的同时，也大大的压缩了企业的盈利空间，这就为企业缺乏扩大再生产、缺少技术创新的资金而埋下了伏笔。

四、只管需求，不顾供给

1998 年，为了应对亚洲金融危机的影响，中国政府提出"扩大内需"的举措。中国在教育、医疗、住房等方面进行了全面的市场化改革。到 2000 年，中国已经摆脱了亚洲金融危机的影响，"扩大内需"也不再只着眼于当前的困难，而是逐渐被当作一项长远的发展战略，在 2008 年、2015 年、2018 年多次被提及。

中国企业对政策是高度敏感的。2000 年以后，大量的中国企业乘着"扩大内需"的东风，开始了大规模扩张。然而，这种扩张主要体现在市场开拓方式的变化、营销模式的出新出奇、概念的炒作、广告的铺天盖地等。

创新，只发生在需求端。企业疯狂的扩大生产规模，力求占领更大的市场份额，攫取更多的利润。然而创新并没有体现在供给端，产品的多样化程度并没有加强，技术水平并没有实质性或者革命性的提高。甚至于产品的质量得不到保证，产品的安全性、信息的真实性也出现了严重问题。于是暴露出了各种事件，例如三鹿奶粉的三聚氰胺事件，淘宝的"秒杀门"，康师傅的"水源门"，等等。

作为其中的典型，百度的"竞价排名"模式广受诟病。终于有一天，"勒索营销"事件把这一模式暴露在公众面前。百度竞价排名机制存在付费竞价权重过高、商业推广标识不清等问题，影响了搜索结果的公正性和客观性，容易误导网民。从根本上讲，这种人工干预信息搜索结果、用收费来决定信息排名的方法违背了商业道德。在 2016 年的"魏则西事件"之后，百度被舆论推上了风口浪尖。"竞价排名"这种"创新"也饱受公众批评。百度没有尽力开展技术创新，没有从供给端提升自己的信息搜索质量，没有投身于人工智能、无人驾驶汽车等领域的基础研究与商业化应用，而是一门心思想着在需求端怎么从互联网信息搜索业务中赚取每一分钱，这是百度的堕落，也是中国的"需求侧改革"的不和谐音符。

作为 BAT 的另外一个巨头，阿里巴巴集团把电子商务做到了极致。在互联网金融工具"支付宝"的支撑下，阿里巴巴集团大力发展了 B2C 和 B2B 业务，使中国进入了全民电商的时代。这在很大程度上刺激了消费，拉动了内需，推动了 GDP 三驾马车之一的消费增长。但是，在供给端，这并没有对企业的生产制造产生重大的影响。企业考虑的只是如何扩大生产规模，如何运用降价、促销活动、渠道拓展等办法去攫取更多的市场份额，而并不是推出突破性的创新产品。

腾讯也未能幸免。微信作为一个即时聊天软件（instant messenger）的当仁不让的排头兵，并没有能够整合腾讯的力量、并在此基础上推出具有划时代意义的技术创新成果，并没有让人看到在人工智能、大数据、云计算等方面取得突破性进展。相反，大家看到的是微信红包在朋友圈大行其道，微商搅得朋友圈一片狼藉。

不在供给侧创造更多的创新土壤，只是为了提升 GDP 而鼓励刺激消费，这不过是扬汤止沸罢了。这样的环境，反而会把那些原本致力于原始创新、根本性创新的企业逼上梁山，使得他们不得不放弃梦想，随波逐流，混同于那些追逐市场的蝇头小利的投机者当中。

五、"微创"走红，不敢变革

这是一个变化多端的年代。黑天鹅事件层出不穷。市场瞬息万变，局势扑朔迷离。谁也不知道明天会发生什么，就算今天的明星也不敢确定明天是否还能站在舞台的中央接受众人的喝彩和膜拜。

这是一个讲究风险控制的年代。大家都谨小慎微，小心地控制着各种现实的和潜在的风险——技术的、市场的、管理的、财务的……"经济人"的风险厌恶偏好在今天似乎变得前所未有的明显。

因此，今天我们看到的所谓的创新，更多的是像海尔的"微创新"，或者说"平台创新"。人单合一、小微创业、HOPE 平台、创业生态……在这些美妙的词语背后，其实都隐藏着一个关键的逻辑——风险最小化。只有小微创业，才能使整个海尔这个大集团不会被锁死在某一个方向上，从而保持其战略灵活性。一个项目失败了，海尔只不过损失很少的投入。十个项目失败了，投入损失仍然是可控的。就算90%的项目失败了，只要剩下的那10%成功，海尔就包赚不赔。从头到尾，都散发着"不把鸡蛋放在一个篮子里"的气味。海尔已经摇身一变，成了一个彻头彻尾的风险投资公司，而不再是承担着中国家电行业发展责任的企业。在亮丽光鲜的广告宣传、媒体公关口号的粉饰之下，海尔用谨小慎微的投资者的逻辑，掩饰着对自身发展的战略方向的毫无把握、软弱无力。海尔做的并不是变革，甚至谈不上是创新，因为这种模式已经背离了产业经营的本意。用这种投资逻辑来经营一个规模巨大的产业，海尔的怯懦抹杀了真正的创新思维的原则——寻找问题，提供方案，持之以恒，基业长青。

海尔的做法，在今天其实具有相当的代表性。企业的整体规模并不总是意味着优势，反而往往意味着战略柔性的丧失。因此，大企业往往想尽办法来抵消这种战略刚性。"微创新"不失为一个万全之策，并且，还能用"创新"之名赚得不少眼球，提升企业的知名度和美誉度，何乐而不为？

然而，从产业整体来讲，长此以往，变革精神将逐渐从中国企业中淡出。大家满足于小打小闹，变革的勇气逐渐丧失。变革精神的缺失，将成为中国企业引领世界产业潮流的最大障碍。毕竟，当脸书（Facebook）、特斯拉（Tesla）、酷卡（Kuka）、优步（Uber）等引领技术变革，并在此基础上引领市场趋势的时候，我们只能靠模仿、学习和再创新来求得生存空间，而这种模式意味着我们永远是排名老二。

六、强调模式，不屑技术

今天，一个卖烧饼的故事广为流传，故事的重点不是烧饼的质量、口味，而是运用加盟模式火爆全国。另外一个做早餐的故事，故事的重点不是早餐的样式多么丰富，而是主人公租场地，然后搞起了连锁。

这些故事反映了今天的中国产业界的现实。如果你不谈"商业模式"，你都不好意思跟人说你是做企业的。很多企业首先考虑的是商业模式问题，而不是产品质量的高低、技术水平的突破性、解决方案的合理性。

一个典型的例子就是互联网产业。在这里，BATJ这样的大公司谈论的是构建"商业生态"，创业企业谈论的则是如何早点吸引BATJ的注意，从而融入其生态圈。只要能够在商业圈中找到一个立足点，那么吸引风投、逐步做大、融入私募、最终被战略收购或者 IPO 都是顺理成章的事。在这张大网中，技术已经不是人们关注的焦点，似乎技术问题都已经被解决了。

技术问题真的被解决了吗？正当我们津津乐道于饿了么、滴滴、摩拜、大众点评，甚至和低级趣味脱不了干系的抖音的时候，外国企业正在技术方面大力投入，构建起越来越高、越来越厚、越来越难以被我们逾越的壁垒。IBM 在人工智能领域取得的突破已经令人瞠目结舌，"深蓝""更深的蓝""AlphaGo"已经一而再再而三地把人类智慧踩在脚下；德国的 Kuka 机器人在宝马汽车的无人工厂里恣意挥洒着它们的长臂却没有半滴汗水；SpaceX 已经实现了运载火箭的成功回收。每一项技术进步，都意味着中国企业与它们之间的差距越来越大。

中国太大了，中国的市场太大了，中国的消费潜力太大了。我们有 13 亿人。所以，我们的企业还是把主要的关注投向了国内市场。在这个市场上，我们讲营销，讲文化，讲满足客户需求，所以归根结底还是靠需求来拉动的思维。然而，当我们把视线投到全球市场，尤其是发达国家市场的时候，我们发现，所谓的渠道建设、文化契合、需求响应，在西方消费者那苛刻的产品质量评价标准和先进的产品功能需求面前显得那么绵软无力。

事实上，过去十几年来我们所谓的"互联网创新"，大都是在"商业模式"上的一种模仿，与科学创新、技术创新无关，比如被炒得火热的电商、外卖、网约车等。但是，国内大部分舆论都被这些强势企业所主导，于是，称之为"新发明"，或者高科技企业，等等。

对于"盈利模式创新"，华为的高层就明确表态：首先，"商业模式只解决方向问题，并不是护城河，是低层次创新"；其次，"长远战略 / 真正创新来自核心技术投入和基础研究，顶尖互联网公司都是一流技术公司"；第三，"中国互联网大佬为何睡不好觉？大多都是模式创新，技术创新少，战略靠赌，新业务靠谁更早抄 / 谁更拼 / 谁有钱烧"。

当前的中国不需要独角兽这样的概念。我们现在急需培养的是以技术积累与创新为主的中小企业，注重短期收益的商业模式创新不应该被过度夸大为创新方向。商业模式的创新与竞争在中国基本上都是以"价格"为核心，而价格战只会让中国制造永远处于微笑曲线的底端，无法实现向高端的脱胎换骨的转变。

七、"网+"为主，制造为辅

今天的中国人，生活在互联网的包围中。早上起床做的第一件事情是打开微信看看朋友圈有什么更新；吃完早饭用滴滴出行打个出租车或者用摩拜扫个单车去上班；上班时趁老板不注意，用支付宝在淘宝或者京东买几个小玩意儿，顺带着看看自己在各个银行、基金的理财产品的组合是不是需要更新一下；到了中午，用饿了么或者美团给自己点一份外卖，一边吃饭一边继续刷微信朋友圈；送快递用顺丰；下午下班之后回到家，吃完晚饭，在腾讯视频、优酷土豆追一部韩剧或者日剧；帮孩子做作业，要在网上完成；出门用高德地图导航；到商场购物，记不住停车位了就要用找车软件，停车付费也要扫二维码；出差用携程订机票和宾馆；如果是出门旅游的话，就用驴妈妈确定目的地；而在这所有的过程中，我们一直用微信和朋友聊天……

我们生活在"互联网＋"的时代，互联网无孔不入，已经渗透到我们生活中的每一个角落。信息化工具的应用，极大地方便了我们的生活。各个行业都在想着怎么用互联网来更好地贴近用户，怎么把用户从早晨睁开眼睛起到晚上闭上眼睛为止的每一分每一秒的需求都挖个底朝天，怎么把用户的"痛点"找出来并提供一种服务模式，并且因此而从中赚到钱。甚至于，也不用急着赚到钱，只要是有"互联网＋"这个高大上的概念，先烧钱烧个两三年也是可以的，只要把用户数量积累起来，在风险投资公司那里能把故事说得动听完整，那就不愁找不到投资，然后只要准备上市或者被 BATJ 收编好了。

"学校食堂APP"是其中的典型，其思想是让学生在上课期间可以点餐，下课之后就可以取餐；或者在宿舍点餐，食堂直接快递到宿舍。这两种思路都是有问题的：首先，作为学校，教学秩序是最重要的制度，如果允许学生在上课期间使用食堂 APP 点餐，这无异于是对学生上课时间用手机的变相鼓励；其次，学生还是年轻人，应当充满活力，乐于运动，怎么能安于一天到晚在宿舍过上"饭来张口"的日子？更不要说这样的学生大多数并不是因为废寝忘食地学习，而是因为沉溺于电子游戏、网络视频了。

在市场经济的框架内，贴近用户的思维方式本身无可厚非。问题是现在几乎没有人去思考原创性的技术，没有人从生产制造的角度来思考如何提供质量更好、技术水平更高的东西。就好像在两千年前，人们觉得在竹简或者羊皮上写字很不方便，但是大家提供的解决方案是"把羊皮和竹简捆绑在一起，把最重要的事情写在羊皮上，把不重要的事情写在竹简上"，而不是像蔡伦那样，用新的工艺技术发明了可大规模生产的纸；或者，在战争中因为攻城拔寨承受了高昂的人员伤亡，而提供的解决方案是"用更多的箭，更多的云梯，更多的夜间偷袭，更多的间谍和内奸策应"，而并不是发明威力巨大足以摧毁坚固城墙的火药和火炮。如果是这样，恐怕我们今天还停留在蒙昧时代。

从全球范围看，真正有竞争力的产品一定是技术领先的硬件产品，很难想象一项产品的技术落后还能卖得很好，即使有，也是小概率事件。

这几年，中国的互联网企业向国民灌输了一个极其危险的观念：技术领先不重要，重要的是用户体验要好。这就将技术创新放在了和用户体验对立的位置上。事实上，二者是相辅相成的关系，技术是实现用户体验的保障，没有技术何来用户体验好的产品？缺乏技术支撑，用"互联网＋"来强调用户体验，必定是小打小闹、修修补补式改进，永远不可能诞生伟大的产品。

第四节
产业创新的两大困境

一、盈利是不是成为创新的第一目标？

在今天的创新中，很多人都会把实现商业价值作为一个重要目标——如果不是终极目标的话。那么，盈利是不是成为创新的第一目标？

对于成功的创新者来说，财富已经远超物质生活所需，对他们的意义或许只是一串数字。富豪们对于财富管理的选择也不尽相同。一些人会选择投入新的事业中，以求继续创造财富；另外一些会进行金融投资，坐享收益；

还有一些人选择从事公益事业，捐献出自己大部分的财富。许多商业创新的领导者，在获得了成功、赚取了大量利润之后，并没有将这些利润据为己有。相反，他们认为回报社会是非常重要的。这一趋势如今正在蔓延，有越来越多的人加入这一行列。

根据《福布斯》和《慈善纪事报》公布的统计数据，美国名富豪慈善捐款名列首位的是"股神"沃伦·巴菲特。巴菲特将 28 亿美元的公司股票捐给"比尔和梅琳达·盖茨基金会"，巴菲特慈善捐款总额达到 227 亿美元，占其财富的 37%。巴菲特在 76 岁时，决定捐出其财富的 85%，约合 375 亿美元。投资大师索罗斯慈善捐款累计总额达到 114 亿美元，占其财富的 47%。[①]

作为其中的典型，从 1994 年开始，"比尔和梅琳达·盖茨基金会"已经捐出了价值 350 亿美元的股票和现金。据统计，盖茨一共捐了 7 亿股微软的股票。1996 年，比尔·盖茨在微软的持股是 24%，而 2018 年只有 1.3%。2010 年，他又和巴菲特一起创立了"捐赠誓言"，随后有将近 168 位企业家陆续加入，并承诺将他们一生中的主要财产都捐献给这个慈善基金会。

在 2015 年女儿出生后，Facebook 的创始人马克·扎克伯格和夫人成立了慈善项目"陈-扎克伯格行动"，并承诺将在一生中捐出所持 Facebook 股份的 99%，用于慈善，价值 450 亿美元。在给女儿的公开信中，他们写道："Max，我们如此爱你，而感受到巨大的责任要为你和所有孩子创造一个美好的世界。我们希望为你带来同样的爱、希望和欢乐，就像你带给我们的一样。我们非常期待看到你将会给世界带来什么改变。"他们爱孩子的目的，是"为下一代的孩子发掘人类潜能，创造平等"。

有人批评道，富豪们这种捐款到自己基金会以及承诺捐身价的行为是以慈善捐款的手段规避税费。资料显示，盖茨基金在以 268 亿美元资本获得高达 39 亿美元的投资回报，利润率高达 15% 左右，这比许多以盈利为目的的企业利润率还要高。而按照法律要求，盖茨基金会每年只要将总资产的 5% 用于慈善、捐赠，就可以避免支付更多税收，另外 95% 的资产则被用于投资。并且，如果全部遗产直接留给子女，那么可能要缴纳超过 50% 的税。

① 扎克伯格"们"套现捐款是"真慈善"还是"真避税"？[EB/OL]. http://usstock.jrj.com.cn/2017/09/27220423179123.shtml，2017-09-27/2018-07-29.

然而，姑且撇开遗产、捐赠、投资这方面的技术细节不论，不管怎么说，慈善就是慈善，不论其动机如何。美国有一整套完善的法律在支持其慈善系统。"避税"只是慈善的副产物。正是由于法律体系的支持，美国的创新者们拿出一大笔资金，投入慈善事业，不论是主动还是被动。"做慈善"早已成为美国主流文化的基因组成。做点儿慈善，还能少交点儿税，何乐而不为？在客观上，富豪们捐款的的确确为宗教、教育、社会服务这些领域提供了大量的资金。扎克伯格对于"让女儿长大后的世界变得更美好"这一想法，是抱着强烈愿望去打算实现的。他的确把慈善事业的重心放在个性化学习、疾病治疗、互联网连接，以及社区的发展上。类似的事情也发生在盖茨基金会上。

相比之下，在中国，在 2014 年财富排名前 100 位的企业家中，只有 26 位有明确的年度捐赠数额，有 74 位富豪企业家未有捐赠行为。[①] 事实上，中国的创新者关注更多的问题是纯粹的盈利、攫取市场份额或者击败竞争对手。在获得丰厚的回报之后，如何回馈社会，是一个很不受欢迎的话题。希望工程、消除贫困、进行疾病研究，这些问题似乎从来没有进入过中国的创新者的思考领域。而这样的创新，往往被利益的驱使而走上了歧途。

唯利是图会使创新误入歧途。这样的命题并不是空洞的。在全民电商的时代，在淘宝上购物已经是每个人的日常生活的一部分。但是谁没有过在淘宝上买到假冒伪劣产品的经历？面对批评，淘宝又拿出了多少诚意和真金白银来进行整改？滴滴打车在获得近乎垄断的市场力量的时候，并没有真正为用户考虑多少，而是几乎毫不迟疑地加大了抽成的力度，使出租车司机怨声载道。在"饿了么"这样的二手外卖平台，大量的餐饮小店是证照不全、注册地与经营地脱离的，甚至有许多"黑店"，以至于食品安全问题频频发生。盛极一时的"共享单车"，到最后被证明许多玩家不过是打着"共享"的招牌，干着"挪用押金"的勾当，其实质是非法或变相"吸收公众存款"，玩的是金融的套路。

创新者需要深入地考虑慈善、社会责任、可持续发展乃至信任这些概念的含义。缺乏社会责任感的创新是不可持续的，因为终究会耗尽社会对其的信任。唯利是图的创新是不可持续的，因为仅为一己私利而损害大众福祉的行为终将被社会所抛弃。

---

① 　《企业公益蓝皮书（2015）》.

二、创新与信息、数据、个人隐私的安全性是否相悖？

我们处在"大数据"的时代。上网聊天、购物、信息浏览等行为都会产生大量的数据。很多创新的确是建立在大数据的基础上的，比如人工智能，比如新的商业模式。然而，另一方面，我们的一举一动似乎都被"记录在案"，这就引起了人们的担忧。这种担忧可以分为两个方面。第一，在技术层面，这些数据是否有可能被滥用？第二，在事实上，这些数据是否已经被滥用了？

大数据具有"规模大"（Volume）、"数据处理快"（Velocity）、"数据类型多"（Variety）和"价值大"（Value）的"4V"特征。在大数据时代，每个人每天都会在网络空间上留下大量的数据。近几年，有关信息、数据、隐私的问题越来越多地受到人们关注。然而，这些与个人有关的数据是不是属于个人隐私，还存在争论。

在有的人眼中，个人信息指的是可以识别出这个人的信息的组合，如肖像、声音等。而诸如购物习惯等，只能说是与个人有关的数据，不能等同于个人信息，更不能归为隐私。例如，居住在上海市上大路的小丽经常在网上购买各种连衣裙。小丽自己的长相、声音、家庭住址、电话号码，都是她的个人隐私。而她购买连衣裙的独特模式（比如，总是喜欢红白蓝三色搭配的纯羊毛面料的超短裙）就算不上个人隐私。"对普通的商家来说，他们想要的就是你的消费习惯，方便他们做精准营销，他们不关心你是谁。"

不过，在另外一些人看来，问题就不那么简单。他们认为，科学研究上对"隐私"的定义是"单个用户的某一些属性"，只要符合这一定义都可以被看作隐私。只要能从数据中能准确推测出个体的信息，那么就算是隐私泄露。如果有坏人查询了居住在上海市上大路的所有人，发现只有 3 个人喜欢红白蓝三色搭配的纯羊毛面料的超短裙，那么这个坏人就完全有可能锁定小丽的住址、电话号码，这就对小丽的人身安全造成了威胁。

讲到这里，对于刚才提出的第一个问题，答案已经不言自明。已经有案例证明，如果坏人拥有足够高的智商和足够多的技术手段，只要坏人愿意，那么数据就有可能被利用、分析、归纳，那么，坏人就可以把有价值的信息——隐私——提取出来。这样一来，隐私被窃取几乎是不可避免的。这种可能性是完全存在的。

在 2006 年 8 月，为了学术研究，AOL（美国在线）公开了匿名的搜索记录，其中包括 65 万个用户的数据。在这些数据中，用户的姓名被替换成了一个个匿名的 ID（注册号码）。但是《纽约时报》通过这些搜索记录，找到了 ID 匿名为 4417749 的用户在真实世界中对应的人。ID 为 4417749 的搜索记录里有关于"60 岁的老年人"的问题、"Lilburn 地方的风景"，还有"Arnold"的搜索字样。通过上面几条数据，《纽约时报》发现 Lilburn 只有 14 个人姓 Arnold，最后经过直接联系这 14 个人，确认了 ID 为 4417749 的是一位 62 岁名字叫 Thelma Arnold 的老奶奶。最后 AOL 紧急撤下数据，发表声明致歉，但是已经太晚了。因为隐私泄露事件，AOL 遭到了起诉，最终赔偿受影响用户的总额高达 500 万美元。

同样是 2006 年，美国最大的影视公司之一 Netflix 举办了一个预测算法的比赛（Netflix Prize），比赛要求在公开数据上推测用户的电影评分。Netflix 把数据中唯一识别用户的信息抹去，认为这样就能保证用户的隐私。但是在 2007 年，来自得克萨斯大学奥斯汀分校的两位研究人员表示，通过关联 Netflix 公开的数据和 IMDb（互联网电影数据库）网站上公开的记录就能够识别出匿名用户的身份。3 年后，在 2010 年，Netflix 因为隐私原因宣布停止这项比赛，并因此受到高额罚款，赔偿金额总计 900 万美元。①

既然个人隐私被窃取的可能性在技术层面是存在的，那么我们是不是只能寄希望于在现实生活中他们还不曾发生？可惜的是，这种希望早就已经破灭了。

有人专门针对政府进行揭秘。其中最负盛名的要数 2006 年成立的"维基解密"网站。它专门公布机密"内部"文件，宣称要揭发政府或企业的腐败甚至是不法的内幕，追求信息透明化。"维基解密"网站没有公布自己的办公地址和电话号码，也没有列举该网站的主要运营者的姓名，甚至连办公邮箱都没有留。外界既不知道它的总部在哪，更不知道雇员是哪些人。创始

---

① 大数据时代，用户的隐私如何守护 [EB/OL]. https://www.leiphone.com/news/201709/lwQmlrcz13sUJSo3.html，2017-09-07/2018-07-30.

人朱利安·保罗·阿桑奇（Julian Paul Assange）说，那些上传材料的人也都是匿名。2010 年 4 月，"维基解密"公开了 2007 年巴格达空袭时，伊拉克平民遭美国军方杀害的影片。2010 年 7 月，"维基解密"公布了 92000 份美军有关阿富汗战争的军事机密文件，其中最具爆炸性的消息是北约联军在阿富汗杀死平民的事件。之后，"维基解密"开始与另外一个著名的"泄密者"斯诺登合作。

2013 年 6 月 5 日，英国《卫报》披露：美国国家安全局有一项代号为"棱镜"（PRISM）的秘密项目，要求电信巨头威瑞森公司必须每天上交数百万用户的通话记录。6 月 6 日，美国《华盛顿邮报》披露，过去 6 年间，美国国家安全局和联邦调查局通过进入微软、谷歌、苹果、雅虎等九大网络巨头的服务器，监控美国公民的电子邮件、聊天记录、视频及照片等秘密资料。5 天之后，美国中央情报局技术助理爱德华·约瑟夫·斯诺登（Edward Joseph Snowden）公开了自己的身份。之后，在 2014 年、2015 年，斯诺登又多次披露美国、英国等政府的机密行动。所有这些都引起了全世界的瞩目，更准确地说是举世哗然。因为这意味着，公民的个人隐私在政府那里已经毫无遮拦。

不仅是在政府那里，就是在纯商业领域，我们的个人数据也被当成玩具一样捏来捏去。我们在上网的时候可以发现，网站给我们的信息推送越来越贴近我们内心的想法，越来越"精准"。比如，我是一个德国足球队的狂热追随者，那么我在每一次上网的时候，电脑总是给我弹出更多的有关德国足球队的页面。这就是所谓"大数据精准投放"的结果。之所以这样，是因为网站已经能够通过对我上网的历史分析，准确地了解我的偏好，并在此基础上"投我所好"，专门把我喜欢的内容投送给我，而不会投送给我那些我不感兴趣的东西，比方说连衣裙、汉堡包、太空探索什么的。

不仅如此，个人数据甚至可以从一个商家手中转移到另一个手中，这当中往往伴随着数目不菲的金钱交易。现在，很多人每天都会接到十几二十个电话，要么是推荐购买附近的房子，要么是推荐附近的儿童教育培训项目，还有就是推荐各类理财产品。应该说，这些推荐的房子、培训项目、理财产品在地理位置、儿童成长阶段、家庭收入水平等方面都有令人惊讶的精确性。为什么能做到这样？那是因为我们的个人信息已经被很多无良商家"自由流动"了。我在一个房地产商那里买了一次房子，那么我的很多个人信息就被存进了那个房地产商的数据库，而他可能一转头就把这些信息卖给了一家儿童教育培训机构或者一个银行。事实上，在今天的市场上，只需要花几元钱，就能买到几百甚至上千条个人信息。这些信息既然可以流到任何出钱的商家手中，自然也就有可能流到对人图谋不轨、对社会心存不满的人手中。这就对公民的安全造成了威胁。

在今天的市场经济中，公民的个人信息、数据没有得到应有的保护，很多时候没有被妥善地处理，甚至是被轻率、随意地处置了。更糟糕的是，这种情况往往是在"创新"的幌子下进行的。商家借创新之名，行鸡鸣狗盗之实，这样的行为是对创新的抹黑。在创新过程中，如果任何行为有可能损害公民的隐私、安全，这样的创新是不应当继续的。

第五节
产业创新的推动力

一、跨越文化的鸿沟

自从第二次浪潮以来，产业创新从来都是从技术先进、产业发达的成熟市场国家向技术后进、产业欠发达的新兴市场经济体流动。1979 年以后，中国进行改革开放，"以市场换技术"，大量的西方先进技术——汽车、冶金、材料、化工、精密机械、自动化、生物化学、信息通信——涌入中国。在短短的 20 年时间里，中国可能接受了有史以来最大规模的技术输入。在很长时间里，中国人都以使用外国技术为荣——穿皮尔卡丹和金利来，戴雷达表，喝可口可乐，手握诺基亚，开奔驰轿车。

然而，时间进入 21 世纪，尤其是 21 世纪的第二个十年，事情悄悄地有了变化。越来越多的中国企业开始把眼光投向了国际市场。它们不仅仅满足于把产品和服务销售到发达国家，还有更大的野心——去收购发达国家的拥有先进技术的企业。

2005 年 5 月，中国的电脑巨头联想正式完成对美国国际商业机器公司（IBM）全球 PC 业务的收购。联想从这桩并购中获得了三样东西：ThinkPad 的牌子；强大的研发团队；手持设备。2011 年 1 月，联想与日本电气株式会社（NEC）宣布成立合资公司，并于 2014 年 4 月完成对日本电气株式会社 3800 余项专利组合的收购。2014 年 1 月，联想以 29 亿美元的价格从谷歌手中收购了摩托罗拉移动，这笔收购给联想带来了 2000 个专利，同时联想可以使用 21000 个交叉授权的专利，解决了联想手机进入成熟市场的专利保护问题。同年 10 月，联想又以 21 亿美元收购 IBM X86 服务器业务。2018 年 7 月，联想又收购了卢森堡国际银行（BIL）89.936% 股权，进军国际金融业。

2010 年 8 月，中国浙江的一家名不见经传的民营企业，吉利控股集团，正式完成对福特汽车公司旗下沃尔沃（Volvo）轿车公司的全部股权收购。吉利从此站上了世界汽车业角逐的舞台。

2011 年 10 月，中国家电巨头海尔收购日本三洋（Sanyo）的白色家电业务。2012 年 9 月，海尔收购新西兰国宝级家电品牌费雪派克（Fisher & Paykel）。2016 年 6 月，海尔以 55.8 亿美元收购了通用电气家电公司（GEA）。

2016 年，另一个中国家电巨头美的收购了东芝（Toshiba）的白色家电业务。2017 年 1 月，美的开出溢价 30% 的要约收购条件，最终持有了全球工业机器人的领军公司、被视为德国工业 4.0 的核心企业之一的德国库卡集团（Kuka）已发行股本的 94.55%。

2016 年，另一家中国的电视生产厂商创维以 2500 万美元收购了东芝的印尼工厂。海信则以 2370 万美元收购夏普（Sharp）的墨西哥工厂。

这种"逆势而为"的收购，被冠以"逆向跨国并购"的名称。虽然听起来很鼓舞士气，然而实际上需要解决的问题很多，其中至关重要的一个就是：如何实现对先进技术的顺利吸收？如果关系处理不好，被并购方不予配合甚至强烈抵制，那么何谈学习对方的先进技术？在这些如火如荼的海外并购中，中国产业界展现出一种与众不同的思维方式和文化理念。

海尔的多起海外收购，没有派出一个自己的高级管理人员，全部用原本企业的高管在管理。在 GEA 并购案中，为实现产生 1+1>2 的协同效应，海尔本着两个主导原则：一是承接引领的市场目标，首先在北美市场进一步发挥 GEA 品牌资产价值，提升其品牌活力；二是最大限度保证 GEA 优秀团队继续发挥自身创造力。由此，GEA 总部仍保留在美国肯塔基州路易斯维尔，海尔也尊重和信任对方富有才干的管理团队，使企业在现有高级管理团队引领下开展日常工作，独立运营。海尔高管团队、GEA 高管及两位独立董事共同组成董事会，共同协同未来的战略方向和业务运营。①

美的董事长说："我们十分欣赏库卡的管理层和员工，并持续采用库卡的设备和系统，且一直与库卡保持有建设性的沟通。我们将致力投资于库卡的员工、品牌、知识产权以及设施，以进一步推动企业的未来发展。我们有意将在库卡的持股比例增加至 30% 以上，并没有要订立控制协议或退市的意愿。"②

中国的产业界在用一种创新的思维来进行企业并购，用中国的俗话说就是用"入乡随俗"的理念。中国的企业家、创新者在用国际思维方式来思考问题，遵循西方的游戏规则，意味着中国企业开始学会使用西方通行的市场语言，来与西方企业对话和合作。在短期内，仍然承认西方管理体制、企业文化的优越性，并且全盘保留、不做更改，这就给了戒备心理很强的对方以保证，得到对方的合作与谅解，从而有效地降低了并购过程中技术吸收、知识学习的文化、体制的风险。

相比西方文化，中国传统文化的包容性很强，讲究和谐、合作、共生、共赢、化解矛盾于无形，不强调冲突、对立、斗争、挤压对手乃至击垮对手。在跨国并购中，中国的产业界把这一特点发挥得淋漓尽致，用耐心的工作、谨慎的沟通逐步建立起双方的信任，营造起良好的气氛，从而以时间换取空间，为实现顺利的技术吸收营造一个宽松的环境。文化的鸿沟，必须要人来跨越。意识形态的偏见，终究要靠人去化解。在创新的道路上，为了获得知识、赢得学习，创新者必须具有足够的胸怀，用坦诚、包容和互信，为中国产业界的成长赢得空间。

———————————

① 史亚娟，庄文静. 凭什么拿下 GE 家电？海尔跨国并购"三级跳"[J]. 中外管理，2016，（10）：2-4.

② 德国股东欢呼，库卡机器人被中企收购收入大增，美的好样的 ![EB/OL]. http://www.sohu.com/a/244127173_99893044 . 2018-07-30/2018-08-01.

二、集群的网络

美国的硅谷是创新创业的天堂。每天都有成千上万的人（不光是年轻人）在图书馆、酒吧、咖啡馆里讨论改变世界的梦想，也有成千上万的人在办公室、实验室、生产线、研发场地、创客空间、孵化器里做着脚踏实地的创新创业工作。同样，在以色列的硅溪、英国的剑桥、德国的 BioRegio 和 InnoRegio、中国的中关村和张江，也有这样的地方。在上海的漕河泾新技术开发区里，有许多企业孵化器、加速器，年轻人们在一起喝茶、喝咖啡，一起编排歌曲，当然也一起勾画着未来的梦想。我们把这样的地方称为创新集群。

在创新集群里，有大量的创新型企业，他们从事的业务主要在高新技术产业，例如信息通信技术、生物医药、新材料、新能源、环境保护、人工智能、大数据、区块链，等等。除此以外，还有大学、研究机构、风险投资公司、各类中介服务组织。

在这样的创新集群里，有大量的正式活动，帮助企业与大学和科研机构、地方政府、中介服务机构等建立正式联系，例如产品交易、官方技术合作以及报告会等正式场合的联系与交流。与此相对地，集群中人与人之间的社会网络关系也能起作用，比如企业员工之间、企业家之间、企业技术人员与大学和科研机构中的技术专家之间在非正式场合的交流。这种非正式交流可能相当频繁。

这些机构在长期的正式、非正式的交往中，彼此建立起各种相对稳定的、能够促进创新的、正式或非正式的关系，并在这一基础上加深相互了解，从而建立起较高程度的信任。这种信任非常重要，它能够帮助各个创新单元降低成本，开拓更多的合作可能性，为企业开辟出创新设计而铺平了道路。信任、交流、合作开展新业务，这些活动交织在一起，形成了集群创新文化，构成了区域创新系统的一张巨大的、有灵活性的网络。在这种网络基础上形成的集群特有的文化、深深扎根于本地的根植性、丰富的人脉资源、集群的品牌效应，都成为创新集群独树一帜的特点。

有学者对硅谷的创新网络做了研究，发现了一些有趣的现象。那些最具有创新性的企业并不总是处于创新网络的中心，相反，他们往往处在"次中心"的位置，这样一来，他们既可以享受到比较丰富的信息和足够的资源，又不至于花费太多精力在无效的沟通上，可以专注于他们的核心业务。此外，还有一个发现，那就是这些创新性好的企业往往处在一个"桥梁"的位置，把一些本来并不相连的企业——往往是不同行业、不同领域的企业——连接起来。这样一来，"桥梁"企业就可以对这一关系网络产生较强的控制作用，能够在业务活动中获得更多的回旋余地，甚至可以利用这一地位对相关联的企业的技术轨迹、战略方向、业务模式施加影响。

创新集群中还有一些其他的现象。这样的创新集群总是"本地化"色彩浓厚。这里的创业者、创新者思考的问题都是很相似的，比如都是在同样的产业领域内，或者对各个领域的问题都倾向于采用类似的解决方案。这固然体现了这个集群的优势，也产生了一些问题，比如，大家的思维方式太接近而形成"同质化"；大家思考的问题都局限在这个集群内而不关心集群外面的世界，被称为"锁定效应"；长此以往，创新的效率会逐渐降低；企业之间的互补性逐渐减弱；创新的新颖性（也就是突破性、前沿性，breakthrough innovation，cutting-edge innovation）逐渐下降。因此，企业也有必要经常"出去走一走"，看看外面的世界，从而把眼界打开，增加思维模式的灵活性，这样才不至于被本地化效应锁死。

三、体制的力量

在谈到产业创新的时候，人们大多看到的是哪一家企业投入多少巨资进行产品研发，哪一位商界大佬投入多少资金把另外一个企业全盘收购。"买买买"，"真有钱"成为产业界出现频率最高的评论语。

然而，大多数人忽略了决定产业创新成功与否的另外一个重要的因素——体制。

1925 年 1 月，AT&T（美国电话电报公司）收购了西方电子公司的研究部门，成立了一个叫作"贝尔电话实验室公司"（Bell Lab）的独立实体（AT&T和西方电子各拥有该公司的 50% 的股权）。在建立之初，贝尔实验室便致力于数学、物理学、材料科学、计算机编程、电信技术等各方面的研究。也就是说，除了电信技术的研发之外，它的重点在于基础理论研究。

在"一战""二战"以及"冷战"期间，贝尔实验室集中了全世界通信领域顶级的科学家，开创了一系列的基础理论和技术，贝尔实验室的光芒极其耀眼，前后有 8 位科学家获得诺贝尔奖，4 位获得图灵奖。贝尔实验室是晶体管的发明地。光纤通信、激光技术、太阳能电池、发光二极管、数字交换机、通信卫星、通信网这些影响全人类生产生活的发明，都源自贝尔实验室。不仅是硬件，贝尔实验室还发明了 Unix 系统和 C、C++ 程序语言，我们现在的互联网、软件体系的技术源头，归根结底都是来自于贝尔实验室。

　　贝尔实验室为什么能够取得这么大的成功？钱是一个很重要的因素。但并不是唯一的因素。

　　贝尔实验室营造了非常宽松舒适的环境。而这样的自由环境，就是科研人员追逐梦想的天堂。对于研究人员来说，最大的乐趣莫过于按照自己的兴趣和专长来选择研究课题，并能够自由交流和探讨。而这些，在贝尔实验室都能得到最充分的满足。

　　容忍失败，鼓励尝试，是贝尔实验室创新能力的保证。那些科研人员，没有 KPI，没有业绩考核，没有进度检查，没有任务汇报，没有各种束缚和监视。他们的每一层"领导"，都是在这个领域被认可的技术权威。上下级之间是非常平等的同事关系，而不是隶属关系。上级也不会随意干预下级的研究项目。对于真正的科学家来说，这是一方纯净的科研乐土。不仅软硬件环境好，而且拥有非常充足的自由。在这里允许长期不出任何成绩，而且没有被解雇的危险。在这种极其自由的学术氛围中，思想交流与智慧碰撞，各种创意层出不穷。

　　另一方面，贝尔实验室的人才选拔极为严格。贝尔实验室的历届总裁都有博士学位，有几任总裁获得过诺贝尔物理学奖，在产业界、学术界具有崇高的声望。贝尔实验室每年只招收极少的优秀人才，人员的重要素质包括对科学追求的理念和自我驱动的激情。资深专家的招聘根据其在科技领域的领导地位决定。[①]

　　在多方面因素的作用下，贝尔实验室才最终成为研究型人才的乐园。

　　然而，进入 20 世纪 80 年代以后，华尔街的势力开始插足贝尔实验室，引入了业绩的考核，大量的科技人员从研发部门调到业务部门。学术研究的自由性受到了干涉。

---

① 贝尔实验室的百年兴衰史 [EB/OL]. https://baijiahao.baidu.com/s?id=1595460667733975861&wfr=spider&for=pc . 2018-03-21/2018-08-04.

1996 年，贝尔实验室成为朗讯公司的研发部门。朗讯的利润无法支撑这个巨大的实验室，贝尔实验室不得不走上商业化的路子，所有的长期科研都逐渐放弃，科研转移到能够尽快创造利润的研究上来。2002 年，贝尔实验室的研究员 Jan Hendrik Schoen 的论文造假，又令贝尔实验室的声誉大受打击。

2008 年，阿尔卡特朗讯出售了有 46 年历史的贝尔实验室大楼，并将其改建为商场和住宅楼。在金融危机之后，贝尔实验室索性放弃了引以为傲的基础物理学研究，将更多的目光投向网络、无线电、纳米技术、软件这些领域，因为这些领域能够给母公司快速带来回报——现实逼着科学家去赚钱。

如今的贝尔实验室归诺基亚所有，基本上只是一个小研究机构，虽然也搞搞 5G 之类的新技术研发，但早已没有了往日的荣耀。

贝尔实验室的兴衰史折射出许多企业的创新中心、研发中心的问题。在企业这样一个逐利的机构，为什么要有这样一个非功利性的、纯粹兴趣导向的学术研究单位？如果有必要保持这么一个单位，那么如何进行运作和管理，才能使其有条不紊，并且企业从中获益？

一方面，在今天这样变化多端的市场环境中，即使是同一个企业的不同部门（如研发部门与制造部门）或同一部门中的不同活动（如同样是计算机部门，一些成员从事相当常规的工作，而另一些成员则从事非常规工作，如设计全新的系统）所面临的环境的不确定性或任务的复杂性也是不同的。另一方面，企业在推行创新，尤其是技术创新时，通常会面临一种矛盾：产生新构想所要求的条件往往并不是适合于在常规生产中实施新构想所需的条件。有机式组织所特有的灵活性使员工能自由的提出和采用新的构想，并且正是因为有了提出新构想并进行试验的自由，源于中下层员工的创意和变革才会层出不穷；而机械式结构由于强调规则条例而抑制了创新，不过对有效地进行生产常规产品来说，通常却是更有效率的形式。如何才能在组织内同时创造出有机式和机械式两种条件，以便同时取得创新和效率？

因此，越来越多的创新型企业开始采用一种新的组织模式——保持结构和文化独立性的二元性组织（Ambidextrous Organization）。在这样的企业里面，各个部门被分为两种类型。在那些主流的部门内，有相对正式化的角色和职责，程序和权力相对集中，采用较为传统的职能化结构，比较欣赏以效率为导向的企业文化，作业流程高度专业化，拥有强大的制造和销售能力，比较受青睐的是那些相对同质的、年龄较大的、有经验的人力资源。与此相对地，在那些创新性的部门内，强调开拓精神、重视科研，规模一般较小，产品结构比较松散，热衷于实验与工程文化，作业流程比较宽松，崇尚较强的进取能力和技术能力，追求年轻、异质化的员工队伍。

　　Google 有一个知名的管理制度——20% 自由时间。公司允许员工花费 1/5 的工作时间——每周 1 天，每月 4 天，利用 Google 的资源，从事与 Google 相关的侧边项目，从他们自己的激情和想法里开发出来的项目，哪怕这个项目与现有的业务之间没有关系。由于该政策，在这 20% 的时间开发出来的产品，诸如 Google 新闻、Gmail、和 AdSense（广告引擎开发用于支持 Gmail 的财务），现在大约占 Google 收入的 1/4。其他的许多知名公司如 Apple、LinkedIn 也纷纷效仿。[①]

　　微软在全球范围内有 8 个创投加速器，为最创新的早期创业团队提供"找钱，找人，找市场，找用户"的全方位服务，帮助初创企业实现快速发展。微软在 2009 年发起了"车库计划"，这是微软员工的草根创新者社区，员工们在业余时间可以随心所欲地开发自己想要开发的产品。Hackathon（黑客马拉松）作为微软创新文化的一部分一直是微软极客的"实验场"。不论任何创新的想法，也不论任何职位，Hackathon 鼓励微软所有员工与志同道合的来自全球各地、不同专业、不同部门的伙伴自由组成团队，一起点燃灵感，充分调用公司的资源，开发解决方案。

　　二元化组织只是创新型企业采用的众多体制中的一种。但是重要的是，我们的确从中看到了体制、组织形式、文化、激励政策对于创新的重要性。就像英格兰的专利法在 18 世纪瓦特的蒸汽机创新过程中所产生的巨大推动作用那样（见本章第一节），严谨的规划、良好的组织、适当的激励、宽松的文化，这些总是能够帮助企业在创新的道路上一帆风顺，取得令人瞩目的成绩。

---

① 　据透露，该政策目前在 Google 已名存实亡。Google 的这一动作可能反映了其战略变化，那就是把精力集中在让公司更具竞争力上。Google 似乎正在尝试走更加专注、更加集约化的创新之路。

四、领导者的表率

在 2002 年，31 岁的埃隆·马斯克（Elon Musk）刚刚把 PayPal 卖给了 eBay，他的个人资产达到了 1.5 亿美元，在硅谷确立了自己的地位。他意气风发，决心再干一票大的。他个人出资 1 亿美元，共筹得 3.2 亿美元，又创办了太空探索公司（SpaceX）。他雄心勃勃，计划在下个世纪实现星际移民。在 2004 年，他又砸了 7000 万美元，创立了历史上第一家电动汽车公司特斯拉（Tesla）。

然而，厄运接踵而至。2006 年、2007 年、2008 年，发射连续失败。与此同时，马斯克的第一段婚姻走向尽头。2008 年，全球金融危机爆发，没人愿意把钱用于预订太空旅行的位子。他的另一家公司——特斯拉电动汽车也濒临破产。毫不夸张地说，马斯克陷入了人生的最低谷。

2008 年是考验马斯克的意志力极限的一年。他的员工告诉他："我们的钱只够再发射一次火箭了。"就在此时，他却向公司发出声明："公司最近刚刚得到一笔数额庞大的投资，加上原有资金，我们的资金基础非常雄厚，足以继续支持下一阶段的火箭研发工作。"人人心里都清楚，马斯克的钱快烧没了，他的平静让大家颇为吃惊。他却告诉大家："我们有决心，我们有资金，我们有专家。"

有人问："你怎么会这么乐观？"他说："管它什么乐观、悲观，我只想要把事情做成。"

2008 年 9 月 28 日，马斯克的意志胜利了——他孤注一掷，第四次发射"猎鹰 1 号"。那一天，火箭升上天空，进入了预定轨道。最低的发射价和新的航空航天时代诞生了，它拿到了美国航空航天局（NASA）16 亿美元的订单和其他客户 9 亿美元的订金。同年 10 月，第一批特斯拉 Roadster 下线并开始交付。随后，特斯拉与戴姆勒、丰田等汽车巨头达成了紧密合作，从美国能源部获得大额低息贷款，还在 2010 年 6 月成功登陆纳斯达克市场。

毫不夸张地说，马斯克在几个领域开创了新时代：他参与创立和投资了 Paypal——世界最大的网络支付平台；他参与设计能把飞行器送上空间站的新型火箭，在人类历史上首次成功实现火箭回收；他投资创立了生产世界上第一辆能在 3 秒内从 0 加速到时速 60 英里的电动跑车的公司，并成功量产。

现在，他又在从事"超级高铁"Hyperloop 和太阳能屋顶的事业。

在马斯克具有传奇色彩的、起死回生的产业创新生涯中，缺钱、缺人、缺技术的生死关头已经出现了多次。在这些千钧一发的时刻，马斯克的个人意志、固执和疯狂、坚定不移的执行力发挥了关键作用，最终挺了过来。

在产业创新的过程中，我们一再看到创新者的个人魅力可以发挥多大的作用。瓦特的极端倔强和坚持使他的蒸汽机终于横行天下（见本章第一节）。老福特的节俭、朴素、实用的个性投射到 T 型车大规模量产中，造就了标准化产品的机械化大生产（见第一章第二节）。张瑞敏在质量问题上偏执到把 76 台有瑕疵的海尔电冰箱全部砸毁，终于造就了海尔有口皆碑的质量品牌。作为战略引路人的任正非行事低调、行为简朴、喜欢阅读和沉思，使得华为能够在浮躁的信息产业中保持务实的技术导向，居安思危，在春天的浮华中冷静思考冬天的严寒。领导者就像定海神针，在危难中保持创新组织的整体定力，为未来的成功争取时间和空间。在某种意义上，企业就像是这些创新者的外衣，创新者的个人性格、气质完完全全的体现在这些企业中，让这些企业在激烈的竞争中也具有了自己鲜明的性格，仿佛一个个活生生的人。"法人"不过是这些"自然人"的外在体现。

五、市场，自发的力量

1868 年，美国排字工克里斯托夫·拉森·肖尔斯（Christopher Latham Sholes）获得了打字机模型的专利，并取得了经营权。他于几年后设计出了通用至今的键盘布局方案，也就是 QWERTY 键盘。

在刚开始的时候，肖尔斯是把键盘字母键的顺序按照字母表顺序安装的，也就是说，键盘左上角的字母顺序是 ABCDEF。但是他很快发现，当打字员打字速度稍快一些的时候，相邻两个字母的长杆和字锤可能会卡在一起，从而发生卡键的故障。后来，有人建议他把键盘上的英语字母中最常用的那些连在一起的字母分开，以此来避免故障的发生。肖尔斯采纳了这个解决办法，将字母杂乱无章地排列，最终形成了 QWERTY 的布局。因此，这个键盘设计实际上是为了降低打字速度。然而，肖尔斯告诉公众，打字机键盘上字母顺序这样排列是最科学的，可以加快打字速度。

1873 年，一家公司购得了这项专利，并开始了打字机的商业生产。由于 19 世纪 70 年代的经济不景气，这种价格为 125 美元的办公设备上市的时机并不好。1878 年，当这家公司推出这种打字机的改进 II 型时，企业已经处于破产的边缘。因此，虽然销售开始缓慢上升，1881 年打字机的年产量上升到 1200 台，但 QWERTY 布局的打字机在其发展的早期远没有获得稳固的市场地位。19 世纪 80 年代的 10 年间，美国的 QWERTY 布局打字机的总拥有量还不超过 5000 台。

19 世纪 80 年代，打字机市场开始繁荣起来，出现了很多键盘与 QWERTY 键盘竞争，有的键盘的设计运用了人体工程学原理，显然比 QWERTY 键盘更高效、更合理。然而，就在 QWERTY 键盘即将被取代时，1888 年 7 月 25 日在美国辛辛那提举行了一场打字比赛。一个来自盐湖城的法庭速记员麦古瑞（Frank McGurrin），使用 QWERTY 布局打字机和盲打方法，以绝对的优势获得冠军和 500 美元的奖金。麦古瑞可能是第一个熟记这种键盘并盲打的人。这一事件确立了 QWERTY 键盘在技术上更先进的看法。麦古瑞选择 QWERTY 键盘可能是随意的，但却在事实上确立了这一主导设计的统治地位。

美国的打字机产业迅速倒向 QWERTY 布局，使之成为打字机的通用键盘。一旦成了主导设计，大量的打字机厂商以及后来的计算机厂商都基于此设计而推出相应的键盘，配套产品的极大丰富，市场上的用户也就被动地接受了这一事实，不会再去花费时间和精力去学习另外一种键盘设计，这就造成了采用这种设计的用户规模越来越大。厂商也就更没有积极性去推出一种新的设计了。历史的偶然性就这样决定了打字机键盘的布局。

到了 20 世纪，打字机的 QWERTY 键盘布局又被原样照搬到了计算机键盘上，成为我们今天还在广泛使用的标准键盘布局。后来，还有不甘心的人试图用 DSK 键盘、MALT 键盘等设计来把 QWERTY 键盘布局从宝座上拉下来，但是都无疾而终。

在创新的道路上，这样的例子并不是绝无仅有的。纯技术角度上的"最优方案"并不总是最终的胜利者，市场选择的往往是"次优方案"甚至更糟糕的方案。电脑操作系统中，Windows 一家独大，其他的操作系统如 Unix、Linux、Mac OS 难以撼动其统治地位。录像机标准形成过程中，JVC 的 VHS 方案战胜了索尼的 Betamax 方案，尽管前者在技术上有许多方面并不如后者。

为什么会这样？市场中的用户是盲目的吗？并不完全是。但是，每一个单个的用户个体都可以看成是一个理性的决策单元，每个决策者要在若干种创新设计中进行选择的时候，除了考虑直接的性能、效率、效益因素之外，往往还会考虑很多个人因素，比如情感、偏好、传统等。还有一个因素不能忽略——转换成本。一旦某个设计成为市场中的主导设计，那么用户就会付出较多的时间、精力来学习、接受这一设计，从而使自己成为这一主导设计的追随者和拥护者。在这种情况下，要他放弃这一主导设计，转而使用另一种设计，就意味着他以前投入的时间、精力、金钱都付诸东流，他必须从头开始学习。这在每个人看来都不是那么愉快的。正因为此，那些次优方案一旦在市场上站住了脚，其地位就很难被撼动。这种"强者愈强"的马太效应在电视、集成电路、计算机等行业非常明显。

创新是一个大系统，这个系统有其自身的发展规律。其中有一个规律，就是"自组织"。没有外人发布命令，系统却仿佛有意识一样，按照某种规则，各个子系统相互默契、各尽其责而又协调地自发形成某种有序结构。系统的复杂度越来越高，精细度越来越高。主导设计的出现就是一种自组织的过程。在这一过程中，厂商的战略布局、审慎规划、广泛的合作网络可能发挥重要影响。与此同时，偶然事件也可能扮演重要角色。一个偶然的、小概率事件，却有可能影响整个系统的发展方向，造成所谓的"路径依赖"。类似于物理学中的惯性，高速行驶的列车是很难在短时间刹车的。"人在江湖身不由己"，一旦人们做了某种选择，就好像走上了一条不归之路，惯性的力量会使这一选择不断自我强化，并让人轻易走不出去。QWERTY 键盘发展过程中，辛辛那提打字比赛就扮演了这个偶然事件角色。如果没有这场打字比赛，或者那位法庭速记员麦古瑞因病未能参加这次比赛，那么今天市场上的主流键盘布局就很可能是另外一种效率更高、更省力的设计。

六、政策，看得见的手？

2016 年，北京大学的两位著名学者林毅夫、张维迎围绕产业政策展开了激烈的辩论。林毅夫说："我没有见过不用产业政策而成功追赶发达国家的发展中国家，也没见过不用产业政策而继续保持其领先地位的发达国家。"

张维迎则认为："一项特定产业政策的出台，与其说是科学和认知的结果，不如说是利益博弈的结果。"

对于产业政策的争论，也适用于创新激励的政策。

2010年9月，国务院通过《关于加快培育和发展战略性新兴产业的决定》。2012年5月的国务院常务会议讨论通过了《"十二五"国家战略性新兴产业发展规划》，提出了节能环保、新一代信息技术、生物、高端装备制造、新能源、新材料以及新能源汽车等七大战略性新兴产业的重点发展方向和主要任务，并提出了20项工程。后来，又在《"十三五"国家战略性新兴产业发展规划》中提出要加快发展壮大网络经济、生物经济、高端制造（包括高端设备制造与新材料）、绿色低碳（包括新能源、新能源汽车、节能环保）、数字创意五大领域及其八大产业。

这些所谓的"战略性新兴产业"的选择是否合理？这就涉及非常复杂的技术、产业、政治等问题。仅从创新的角度来讲，其中的"技术预见"问题就值得探讨。

不少有识之士认为，技术预见犹如一双"千里眼"，用于预测未来5～30年的科学技术和经济社会发展方向。科学、准确的技术预见，有助于国家制定前瞻性科技政策，优化配置科技资源，提高创新效率。从国家到地方，乃至企业，都需要技术预见，抢占技术创新的前沿，在科技竞争中掌握主动权。从20世纪40年代开始，美英法德日等主要国家都开始了技术预见活动。进入21世纪之后，很多的跨国公司，例如西门子、三星、微软等，都把技术预见作为进行全球技术研发布局，获取创新成功的重要工具。

不过，也有另外一个问题：技术预见本身是否存在合理性？换句话说，技术预见的结果是不是总是正确的？在上一节的QWERTY键盘的案例中，我们看到市场的力量是强大的，有的时候，偶然的因素也可能导致技术市场产生重大变化，仿佛亚马孙河畔一只蝴蝶扇动了翅膀，就在密西西比河流域造成了一场龙卷风。合理的、最优的技术并不总是最后的赢家。

例如，从目前的研究方向看，未来电脑可能向着以下几个方面发展：利用光作为信息传输媒体的光学计算机；利用处于多现实态下的原子进行运算的量子计算机；用蛋白质制成芯片的生物计算机；高速超导计算机；分子计算机；DNA计算机；神经元计算机。全世界都希望尽快开发出面向未来的计算机，包括IBM、微软、HP、加州大学、中国国防科技大学在内的多家世界顶级科研机构正在不遗余力的投入力量进行研究开发。仅仅在技术上就存在太多的不确定性。说不定哪一天，某条原本看上去行不通的技术路径上的关键难题在偶然间一杯咖啡的工夫之后就被破解，从而突飞猛进；而另外一条原本顺风顺水的技术路径上突然出现一个难题，令研究者再也无法前进甚至陷入绝望。在这种情况下，未来最牛的计算机究竟会出自哪个"门派"，鹿死谁手还真的难以预料。技术预见的准确性，无疑是要打上一个大大的问号的。

然而，政策制定者和企业家在很多时候都相信那句中国的老话："事在人为。"他们看到，在电脑操作系统领域，Windows 傲视群雄；在录像机标准领域，VHS 一统天下。这些局面在很大程度上都是企业家、决策者的行为所致。因此，他们相信"人定胜天"。只要能够找到最优的技术发展方向，就能做出正确的技术预见，"做正确的事"；在此基础上，用正确的方法来推动这些"新兴产业"，"正确地做事"，击败那些竞争性的技术，使自己所倡导的技术成为该领域内的主导技术，就能在事实上把这些产业做成区域的、甚至全球的主导产业，引领全球发展。盈利自然也就成了水到渠成。

价值，既是产业创新的出发点，也是产业创新的终点。这一价值更多地体现为商业价值，或者市场价值，是可以用美元、欧元、人民币进行衡量的。正因为如此，产业创新是一个不折不扣的"成本－收益分析"的过程。从高科技企业的研发，到风险投资公司的尽职调查，无不如此。确保每一分钱都被正确地花掉，都能产生最大的收益，是产业创新颠扑不破的法则。

第六章

创新可以被教出来吗？

第一节
钱学森之问与李约瑟难题的教育解

2005 年，时任国务院总理温家宝在看望 94 岁高龄的钱学森的时候，钱老感慨地说："这么多年培养的学生，还没有哪一个的学术成就，能够跟民国时期培养的大师相比。"接着，钱老又发问："为什么我们的学校总是培养不出杰出的人才？"这就是后来著名的"钱学森之问"。

实际上，钱学森之问与著名的李约瑟难题有异曲同工之妙。在李约瑟难题中，"为什么近代科学只在西方兴起，而没有在中国、印度兴起？"（见本书第三章第七节）也包含了对中国教育体制、教育思想、教育方法的考问。从教育角度对李约瑟难题的回答，从某种意义上也就是对钱学森之问的回答。

中国的传统教育体系有其可取之处。政府和民间对教育的投入，中国传统文化对教育的重视，中国学生在学业上花的时间多，中国教育在大规模的基础知识和技能传授上很有效，使得中国学生在这方面的平均水平比较高。这种教育优势对推动中国经济在低收入发展阶段的增长非常重要，因为它适合"模仿和改进"的"追赶"阶段。这在制造业中体现得非常明显，即便是服务业也一样。借助先进的信息技术和管理流程，在超级市场的收银、银行的柜台服务、医院的挂号和收费、出入关的检查等重复性、规律性的大规模操作业务上，中国服务人员的速度和精准程度是完全超过发达国家的。[①]

然而，必须正视的是，我们的教育也存在不少问题。

首先，我们的填鸭式教育、灌输式学习太多。从小学开始（其实很多幼

---

① 钱颖一. 大学的改革 [M]. 北京：中信出版社，2016.

儿园已经开始灌输了），孩子们就开始死记硬背了：拼音字母，方块汉字，1234，乘法口诀，天上的星星，地上的山川，英文字母，历史人物，飞禽走兽，花草虫鱼……我们的孩子，在高中的考试中还只能满足于回答"成吉思汗的继承人窝阔台，公元哪一年死？最远打到哪里？"这样的问题。

而美国的孩子则思考的是"成吉思汗的继承人窝阔台当初如果没有死，欧洲会发生什么变化？"这样的问题。美国的孩子会如何作答呢？他们会这么思考："这位蒙古领导人如果当初没有死，那个可怕的黑死病就不会被带到欧洲去。如果没有黑死病，神父跟修女就不会死亡。神父跟修女如果没有死亡，就不会怀疑上帝的存在。如果没有怀疑上帝的存在，就不会有意大利佛罗伦萨的文艺复兴。如果没有文艺复兴，西班牙、南欧就不会强大，西班牙无敌舰队就不可能建立。如果西班牙、意大利不够强大，盎格鲁－撒克逊会提早 200 年强大，日耳曼会控制中欧，奥匈帝国就不可能存在。"①

他们为什么能够做出这样令我们震惊的回答？在他们的教育体系中，有这么几个值得我们关注的。

都说"提出问题比解决问题更重要"。然而，在我们这里，考试的问题都太死板、太僵化了。相比之下，西方的教育，重视培养孩子的问题导向的思维方式。世间的事情，最怕连问三个"为什么"。这也是为什么很多大人招架不住三岁顽童的原因。对此，我们的办法是：要么敷衍了事、简单回答；要么鼓励他"自己去探索"。前者失之草率，后者虽然有鼓励的成分，但是方法上仍然太笼统，缺少方法论的指导。西方人的方式是：抓住问题，刨根问底。首先是引导孩子提出正确的问题，有价值、有意义、开放性、促进思考的问题。这一课，在幼儿阶段就已经开始了。在小学、中学、大学，在各个类型的考试中，都有明显的导向性。因此，他们的孩子，善于对问题进行分析、推理、归纳和演绎，而这种分析、推理、归纳、演绎能力是建立在扎实的思维方式的培养的基础上的。

这就引出了他们的第二个思维方式：逻辑思维。

自从古希腊的亚里士多德创立了形式逻辑学以来，西方人就习惯于思考

---

① 可怕的中国式教育：美国、中国、日本三国考题比较 [EB/OL]. http://www.sohu.com/a/65199542_348778. 2016-03-23/2018-08-07.

事物的因果关系。在他们的思维中，有因必有果，有果必有因。尽管两者之间不一定是一对一的关系，但是因果关系的存在是世间一切事情的根源。一个原因导致一个结果，这个结果作为下一个原因又会导致下一个结果……这样一环一环扣起来，cause and effect 层层叠叠，就形成了一条因果链。所以，一个事物的产生或者一件事情的发生，可能会通过这种因果关系的传递，在很多个环节之后得到一个令人意想不到的结果。如果从表面上看来，有可能两者之间毫无关联，但是深究其理，却是有着必然性的。

尽管听上去颇有些宿命论的味道，但是这种思维方式的确在很大程度上促进了他们的逻辑思维，养成了凡事必要探究其根源的习惯。在每一个学科领域，都有一群人执着于这样的思维方式，就促成了西方的近代科学体系的建立。

毫无疑问，在前面列举出的两种不同模式的历史考题面前，用后一种方式教育出来的孩子，其创新能力是超越前一种的。所以，在教育体系中，把问题导向思维——逻辑思维这两者结合起来，营造更加自由的探索空间和独立思考的文化环境，创新型人才就更容易在西方的教育体系中成长起来——从科学研究领域的牛顿、爱因斯坦，到技术开发领域的莱特兄弟、爱迪生，到产业拓展领域的瓦特、扎克伯格、马斯克。

在问题导向思维和逻辑思维之间，还需要一个因素把这两者连接起来。这就是"探索性思维"。探索性思维能力的培养也是需要教育精心呵护的。

西方的教育，从小学开始就不要求孩子花大量的时间死记硬背，而是挖掘、引导孩子的好奇心和想象力，促使他们学会提出有意义、有价值的问题，到中学仍然注重逻辑思维的训练、探究事物的本源。给孩子们提出一些开放性的问题，让他们运用自己的头脑去思考。这里就需要孩子们拿出两方面的本事。首先是逻辑思维能力，能够进行合情合理的演绎、归纳。其次是"connect the dots"的能力，也就是汉语所说的"融会贯通"。

在美国某所公立小学五年级学习的小学生，用两个月时间完成了英语阅读与写作课的作业：一篇题为《水》的论文。论文有厚厚的 34 页，从四个方面来介绍"水"。"水的历史"部分介绍了水的概况、水的特性、宇宙中的水、有关水的数据、水污染、水的名字、水的用途等；"和水有关的极端天气"介绍了洪水、海啸、干旱、暴风雪和飓风等天气的特点；另外还有"水的技术"和"水上娱乐"两部分。论文丰富的文字内容中间还穿插了相关图片和图表，颇为生动、有趣。[①]

这种没有约束、鼓励发挥想象力的论文，最大的好处就是鼓励学生把所有他感兴趣的点都拿出来，仿佛用一根木棍把十几个冰糖葫芦串在一起，形成一个有机的整体。这就是融会贯通。

同样的情况也发生在日本。那个著名的"21世纪如果日本跟中国开火，你认为大概是什么时候？可能的原因在哪里？"的问题，以及日本高中生的回答，就是真实的反映。日本的高中生在思考这个问题的时候，尝试着去把自己了解到的历史、社会、军事、经济、国际政治等方面的知识统统地串联起来，融会贯通，同时深刻地运用逻辑思维，来进行推断。

2005年，苹果公司的创始人史蒂夫·乔布斯（Steve Jobs）在斯坦福大学演讲的时候就说，融会贯通是他最重要的本事之一。实际上，这是人生体验的胜利。经历越丰富、体验越丰富，当然还有悟性更高，那么融会贯通就能够对创新者起到不可估量的作用。

在中国，我和自己的硕士生、博士生进行学术讨论的时候，经常有一种无力感。毫不夸张地说，他们的问题导向思维能力、逻辑思维能力、探索性思维能力，都有太多的欠缺。这三位一体的能力，正是科学探索、学术研究的基石。不能用正确的方式提出正确的问题，不能进行严密合理、丝丝入扣的逻辑推理，不能融会贯通、举一反三，那么何谈做出好的研究？这种情况不是个案，而是相当普遍地存在于国内的高校，甚至国内的顶级大学之中。硕士、博士们，可以说是一个国家未来的精英，未来的高级领导人、企业领袖、科学技术专家，绝大部分都将是出自他们这个群体。他们尚且如此，更何况芸芸大众？

造成这种现状的原因何在？不是在大学，而是在中学、小学，甚至幼儿园阶段，思维定式的种子就已经埋下了。一个人的思维方式不是在大学才养成的，而是在从小到大的整个成长过程中逐步养成的。我们的大学培养不出杰出的创新型人才是事实，但是这口锅不应当仅仅由大学来背。整个教育体系乃至整个社会甚至每个家庭都应当深刻反思。

---

① 美国小学生作文偏重"研究性"堪比大学生论文 [EB/OL]. http://blog.sina.com.cn/s/blog_130db3b2b0101h9g1.html. 2014-04-21/2018-08-07.

第二节
专业很重要？

今天的创新，似乎越来越流行"跨界"。阿里巴巴和淘宝、京东等网站生意越来越好，可是传统的商场、百货商店却变得越来越门可罗雀；支付宝和微信钱包的发展壮大，抢走了银行的业务；优步（Uber）和滴滴打车（滴滴出行的前身）的出现，抢走了出租车的生意；做电池起家的比亚迪突然闯进了新能源汽车行业，搅得天昏地暗风生水起……

很多时候，出现这种情况的原因是新技术的应用，尤其是互联网技术、信息通信技术、新能源技术等，这些技术的应用对运用传统技术的那些产业产生了强大的冲击。尽管一开始不一定具有出色的性能，甚至遭到传统产业的嘲笑，但是搭上了新技术的高速发展的快车，这些新兴产业迅速的赶超了传统产业，把这些传统产业的空间挤占得越来越小，最后把他们逼死在沙滩上。这就是所谓的"破坏性创新"（或者"颠覆性创新"）的力量。新技术的应用，就像赶鸭子一样，拿着鞭子不停地抽，把传统产业这群鸭子往前赶。

除此以外，新技术还不停地与原有的技术、产业进行融合，这就催生了新的专业领域。在人工智能的强劲发展的背景下，中国科学院大学、南京大学已经纷纷成立人工智能学院。在全国上下强调创新创业的背景下，清华大学、浙江大学、上海交通大学也纷纷把原来的战略管理系改为创新创业与战略系，更不用说其他很多高校纷纷成立创业学院了。

事实上，2017年，全国新增的备案本科专业就达到2105个（这还不包括新增的审批本科专业206个）。其中，"数据科学与大数据技术""机器人工程""马克思主义理论""网络空间安全"等专业广受追捧。

今天，要在某个专业领域内进行技术创新，越来越需要学科的交叉与融合。例如，要在"大数据"领域进行创新，就必须精通统计学、数学、计算机这三大支撑性学科，还要对生物、医学、环境科学、经济学、社会学、管理学这些应用拓展性学科有深入的理解，此外还需要学习数据采集、分析、处理软件等方法，涉及数学建模软件及计算机编程语言等工具。这样下来，培养出来的人是"二专多能"的复合型跨界人才（有专业知识、有数据思维）。

在这样的背景下，新兴的专业层出不穷，新涌现出来的专业越来越复杂，涉及的学科门类广、深度深、组合方式新颖。"人工智能"专业就涉及数学、计算机科学、物理学、生物学、心理学、社会学、法学等学科；"区块链"则包含了金融学、计算机科学、经济学、心理学、物理学、密码学、社会学等学科。

在由瑞典和德国的两位教授共同主编的《国际教育百科全书》里，明确指出大学最初是围绕哲学、医学、法律和神学四种学科建立起来的，之后派生出若干专业性学科。随着人类的研究越来越深，各个学科的知识越来越细，各学科既分化又重组，还会发生深度融合。过去的大学教育提倡的是"螺丝钉"精神，强调人才培养的专门性，专业越设越窄。专业设置基本上跟学科设置是相同的。大学里面有理学院、工学院、社会学院、法学院。这些既是学科，也是专业。这就意味着学生只要把某一个学科的知识、技能、方法掌握了，就可以包打天下。后来，尤其是在实行市场经济后，教育理念随着市场需求而发生变化，人才培养的全面性越来越得到重视，大学教育的专业口径得以逐步拓宽，专业教育思想逐渐向通识教育思想转变。[①]

大学本科教育的目标究竟是培养通才还是专才？对这一问题的争论自从有大学以来就从来也没停止。然而大家已经达成共识的是，在今天，学科交叉频繁出现、新专业不断涌现，让学生局限于一个甚至两个学科的学习也已经不再能满足社会的要求。很多有识之士的看法是类似的：必须让学生掌握一些通用的、基本的知识和方法。这当中就包括了前面所说的：逻辑思维能力，问题导向的思维能力，探索性思维方法，还要能够融会贯通，并且知道如何进行批判性思维。当然，除了理性思维的能力之外，还应当具有丰富的人文素养和艺术熏陶、树立正确的价值观，等等。

创新者应该是通才还是专才？在21世纪，我们似乎很难给出一个单一的标准化答案。不同的创新者是不同的。有的创新者是工作狂，比如埃隆·马斯克；有的却也是充满了情趣的人，比如马克·扎克伯格。如果我们把眼光放得更远一些，就会看到，很多创新者是多才多艺的。爱因斯坦的小提琴就

---

① 马陆亭.学科、专业的同与不同 [N].光明日报，2017-07-29（07）.

拉得非常棒。也许，作为一个具有创造性的解决问题的能力的人，创新者还是应该一专多能的。当然，并不是说一个技术天才创新者一定要懂多少印象派绘画、巴洛克风格古典音乐或者中国书法，而是说他们在自己的专业技术领域之外，还懂得一些其他专业的知识技能，这也包括其他技术专业。所以，如果有一个码字工，他不仅掌握一些上海石库门的建筑知识，熟悉猫科动物的生活习性，同时还懂得烹调几道口味不错的传统粤菜，又对宇宙中的黑洞有所了解，那么这可能有利于他在撰写某一部科幻文学作品的时候迸发出一些其他人不曾想到的火花。这位作家有可能写出某位男宇航员运用古老的建筑知识来解决黑洞内外的信息传输问题、并且用一只宠物猫进行了成功的实验、在此过程中还用拿手的烹调技术征服了同行的女宇航员这样的故事。毕竟，跨专业知识的融合，是有可能产生出令读者眼前一亮的效果的。

第三节
创新从何而来？

人人都在谈创新。可是，创新究竟从何而来？

爱因斯坦提出一个公式：创造力＝知识×想象力（好奇心）。当然，一般而言，知识是随着受教育的增多而增多，这没有错。然而他认为，受教育越多，好奇心和想象力可能减少。好奇心和想象力在很大程度上取决于教育环境和教育方法。

既然创造力是知识与好奇心和想象力的乘积，那么随着人的受教育时间的增加，知识在增加，而好奇心在减少，作为两者合力的创造力，就有可能随着受教育的时间延长先是增加，到了一定程度之后会减少，形成一个倒 U 形状，而非我们通常理解的单纯上升的形状。

想象力（好奇心）可以用什么指标来衡量？有人提出，一个人仰头看天的频率和时间长度，可以用来衡量这个人的好奇心和想象力。为什么？因为这代表了人对于宇宙中与自己的生存毫不相干的事物——星辰、太空——的兴趣。而这就足以表明这个人的好奇心有多强。

如果真的这样，那么人类好奇心最强的时代是什么时候？有人认为是原始社会，因为那个时候的人经常仰头眺望天空，对浩瀚的宇宙发出由衷的赞叹与敬畏，以至于编出了二十八星宿和十二星座。而 21 世纪的人，更多的时间都用于盯着电脑屏幕上的游戏界面或者手机中的好友圈，以至于越来越多的人得颈椎病和近视眼了。

回到爱因斯坦的观点。既然好奇心和想象力在很大程度上取决于教育环境和教育方法，那么我们就可以用一个公式来测算，经过了各种教育之后，一个人的想象力还剩下多少。

我们都有这样的感受：一个人在孩童时代的初始的好奇心是很浓厚的，但是在经过填鸭式教育之后，可能泯灭殆尽，只会机械式地死记硬背。与此相对地，经过恰当的、良好的引导，老师和家长以及社会方方面面的启发，他的好奇心可以进一步增强。所以，这个现象可以表示为：想象力 = 初始的好奇心 × 引导式教育（启发式教育）/ 填鸭式教育。

这样一来，爱因斯坦的那个公式就可以转化为下面这样：

创造力 = 知识存量 × 想象力 = 知识存量 × 初始的好奇心 × 引导式教育 / 填鸭式教育 =（知识存量 / 填鸭式教育）×（初始的好奇心 × 引导式教育）

在这个整理过后的公式里，有两个要素："知识存量 / 填鸭式教育"，以及"初始的好奇心 × 引导式教育"。前者代表的是"打折之后的知识的力量"——知识的力量是强大的，但是由于填鸭式教育，这种知识的力量被削弱了，因为被教育者的知识越来越僵化，只能做到死记硬背，而无法灵活应用，做不到触类旁通，因此这种力量是被"打折"了。后者衡量的则是"倍增过的好奇心的力量"——好奇心本身是人人皆有的，在悉心的培育下，耐心的引导下，小心的呵护下，循循善诱的启发下，这种好奇心、想象力是能够迸发出巨大的能量的。爱因斯坦说"我没有特殊的天赋，我只是极度的好奇"。我们的教育，应该小心地维护这种好奇心，不要轻易压制、抹杀了它。

面对这个公式，中国的教育界需要问自己：我们简单粗暴的填鸭式教育，让我们这个社会中潜在的创新者——孩子们——的知识打了多少折扣？而我们的明显不足的引导式教育，又使得潜在创新者的好奇心、想象力不能得到成倍地增加？此消彼长，中国的教育再不变革，就不可能适应知识经济、互联网时代。

　　然而，创造力毕竟不等于创新。前面所讲的都是创造力。接下来的问题是，创新从哪里来？难道只要有创造力就足够了吗？

　　托马斯·爱迪生说："天才就是 1% 的灵感加上 99% 的汗水。"灵感代表了创造力，而汗水代表着坚持和执行。今天很多人谈到创新，都只强调了其中"创造力"的成分，认为有创造性思维、有创意、有天才的想法就是创新了，而对其中的"执行力"的成分忽略了。其实这是一个很大的误区。

　　创造力固然重要。没有创造力，瓦特不可能发明新式蒸汽机，爱因斯坦提不出相对论，爱迪生不可能发明电灯泡，而门捷列夫也不可能画出化学元素周期表。然而，执行力是不应该被忽略的。执行力是贯彻创新者的战略意图、完成预定目标的实际操作能力。有了一个创意之后，创新者需要有坚强的执行力，持之以恒、不屈不挠、百折不回、一往无前，有的时候要拿出极端、偏执、顽固、疯狂的劲头，才能成事。英特尔公司前 CEO 安德鲁·葛洛夫说得很有道理："只有偏执狂才能生存。"

　　执行力可以通过创新者的果断、决心、恒心、耐心、执着反映出来。没有执行力，瓦特在与别人发生专利纠纷的时候可能就半途而废，爱因斯坦也就满足于做一个政府部门的小职员终老一生，爱迪生不会在 1000 多次实验失败之后才找到合适的灯丝材料，门捷列夫更不可能殚精竭虑了 15 年，才在梦里得到启发，画出了化学元素周期表。

　　因此，正确的表述是：创新＝创造力×执行力。中国的教育界，需要培养孩子的创造力，但是更需要培养学生的坚忍不拔的精神、持之以恒的毅力、坚定不移的意志力。未来的创新者，不可能是今天在温室里的柔弱不堪的花骨朵，而是经历过风吹雨打的小松树。"不经历风雨，怎么见彩虹"。看看马斯克在 2008 年金融危机时他的 SpaceX 公司进行火箭发射连续失败所承受的压力，以及他是如何挺过来的，就能明白我们的孩子在这方面要补的课还很多。而且，这种能力和素质是很难在课堂上教出来的，更多地需要到流汗流血的身体锻炼中去体会、到复杂多变的社会实践中去感受、在艰苦卓绝的体力劳动中去揣摩、在瞬息万变的政治经济实战中去领悟。这些，正是我们现有的教育体制所极端欠缺的。

第七章
创新与文化的纠葛

第一节
创新：孤独，还是合作？

创新者需要具有什么样的品格特征？在西方文化中孕育的创新，强调独立、自由、不惧竞争、标榜个人主义，甚至允许叛逆。但是，即使是在西方这样宽容的文化环境中，创新者也不总是受欢迎的。很多时候，越是创新，越是孤独。例如，在战场上威风八面的乔治·巴顿将军从来都是一个桀骜不驯的斗士，但他一直不受五角大楼待见，那些坐在办公室里的将军们认为巴顿是一个体制之外的怪胎。

创新的天才往往自认为看穿了一切，因此曲高和寡，甚至有可能抑郁。梵高先是割了自己的耳朵，后来又开枪自杀。以《老人与海》获得诺贝尔文学奖的海明威开枪自杀。才华横溢的《实话实说》主持人崔永元，开创中国的脱口秀新闻评论之先河，后来扮演了现代版的林海雪原孤胆英雄的角色，一直独擎着反对转基因食品、反影视圈避税潜规则这两杆大旗，也深受抑郁症的困扰。初中时就撰写了 30 万字的《当道家统治中国：道家思想的政治实践与汉帝国的迅速崛起》的"史学奇才"林嘉文，年仅 18 岁就因抑郁而跳楼自尽。

天才能够看到常人看不到的东西，因此倍加孤独。这是天才的不幸。对于社会而言，重要的是营造一个良好的环境，不能"枪打出头鸟"。尽量给天才的创新者营造一个宽松、良好、自由、开放的成长环境，是创新者成长的必要条件。"木秀于林，风必摧之"固然不对，"揠苗助长"也是使不得的。否则，"伤仲永"那样的事情就会出现，天才的好苗子早晚也会"泯然众人"。

　　"创新"这个词是从西方传来的。但是在东方的文化土壤上，长出了不一样的花朵。

　　传统的东方文化强调集体的力量。人们崇尚集体主义，很少有人把自己看作是一个独立的个体，要么是家庭的成员，要么是社会的成员。例如，中国人从小就被教育要维护集体的利益，以集体为荣。个人的力量是渺小的，集体的力量才是巨大的。人们要热爱集体，把集体利益摆在个人利益的前面，在必要的时候要敢于为了集体而牺牲自我。

　　在这样的文化环境中成长起来的创新者，更习惯于在集体中工作，与他人进行合作。"一个好汉三个帮""三个臭皮匠顶个诸葛亮"，都是这种文化的写照。

　　然而，在创新中，真正的合作是否存在？

　　创新首先需要有创意。要想拿出与众不同甚至惊世骇俗的创意，依靠合作、集体思考行不行？

　　在社会中，我们一而再再而三地看到这样的现象：一群人的思考，往往会遵循一个固定的模式，往一个固定的方向上去发展。造成这样的原因，要么是"羊群效应"——羊群是一种很散乱的组织，平时在一起也是盲目地左冲右撞，但一旦有一只头羊动起来，其他的羊也会不假思索地一哄而上，全然不顾前面可能有狼或者不远处有更好的草。也就是说，不管有多少人的集体，成员们总是倾向于跟随着领头的那一两个人，因为他们相信领头人的行动总是合理的、最佳的。另一个原因是"集体压力效应"，也就是 1953 年阿希的从众实验所揭示的：个人会屈从于集体的压力，即便他明白集体的行为是错误的。

　　当然，这两种现象有一个相同点：群体都是由成员随机组成的，群体缺乏有序的组织和协调。在现实中，人们尝试着加强群体的组织和协调，从而改善这种群体思维、从众现象，保证每个人思考的独立性和创造性，并能够把这些想法有机地组合起来。

　　"头脑风暴"就是其中一个方法。在开会过程中，禁止批评和评论，也不要自谦；只强制大家提设想，越多越好；鼓励巧妙地利用和改善他人的设想；与会人员一律平等，各种设想全部记录下来；主张独立思考，不允许私下交谈；提倡自由奔放、随便思考、任意想象、尽量发挥，主意越新、越怪越好。所有这些原则，都是为了鼓励自由思考、观点交锋，从而产生新观念或激发创新设想。这种办法已经在科学、工程、商业、政治等领域大显身手。除了头脑风暴之外，还有德尔菲法等办法。总之，人们殚精竭虑，运用各种方法，就是想要挖掘每个人内心深处的创造力，把他们拼到一起，就像搭积木那样，希望能够提高群体决策的质量，保证决策的创造性，得到 1+1>2 的结果。

这么看来，并不是单一的合作或者孤独才符合创新的规律。创新需要创造性，需要天才，但是创新也需要良好的组织和体制保障。尤其是对于一个企业、一个国家，要确保创新的可持续性，需要坚强的执行力，这就更加要求出色的组织和管理。

第二节
文化大融合：创新的福音？

这是一个全球化的时代。星期五的早晨，一个麦肯锡咨询公司的咨询顾问在上海的办公室里工作；吃完午饭，他赶往浦东国际机场，乘坐飞机飞往日本东京，参加在那里的一个企业战略咨询项目的启动会；晚上十点钟，他打开电脑，和自己在美国的女儿进行视频通话；星期六早上，他又坐飞机奔赴莫斯科，在那里举行的一场国际战略咨询研讨会需要他做一个主题报告；星期日，他飞回上海，在陆家嘴和几个朋友一起喝茶，享受一个下午的难得的休闲时光。

这是 21 世纪的一个普通白领的工作日程。全球化已经深刻地影响了每一个人。企业的业务范围全球化了，人的交际圈全球化了，连休闲也是全球化的。

在这样的全球化浪潮之下，东方文化和西方文化也发生着深刻的融合。一个中国姑娘，穿着英国、西班牙的时装，身上喷着意大利的香水，手里拿着法国的皮包，带着从比利时买回来的巧克力作为小礼物，开着德国车来到一家美国的咖啡馆，和两个来自哥伦比亚和阿根廷的闺蜜聚会，聊着最新一部巴西电影的剧情，突然接到江西老家的电话，就到南京西路的服装店里给自己的表妹定制了一件传统式样的旗袍。这个年轻时髦的中国姑娘，每天她的脑子里思考得最多问题，究竟是中国的，西班牙的，巴西的，还是江西老家的？这样的问题已经很难回答。

　　随着跨文化交际的发展和经济文化等领域的全球化，不同的文化之间也会出现碰撞摩擦，甚至统一融合。因此不同文化的汇通是大势所趋，虽然目前集体主义是中国的主流价值观，个人主义是西方的主流价值观，但是不代表中国就没有个人主义，西方国家就不存在集体主义。AA 制在中国的盛行就是个人主义／集体主义两种不同文化汇通的典型的例证。中国人，尤其是年轻人越来越接受 AA 制这种来自西方的消费方式。受西方文化冲击的影响，他们坚信每个人都是独立的个体，人人都是平等的。崇尚人人平等，这种价值观也存在于埋单结账的时候，既然都是平等的个体，那么人人平等地埋单也是很自然的事情，谁都不会觉得不自在或者不好意思，谁也不会觉得这是丢面子的事情，反而是尊重个人权利和自由、体现人人平等的机会。

　　2006 年的德国世界杯足球赛开幕式上，东道主向全世界展示了巴伐利亚的地方风情，150 名身着德国传统服装的鼓手踏上绿茵场表演，同时出镜的还有巴伐利亚地方著名的长鞭演出。除了巴伐利亚元素之外，只有 33 分钟的开幕式，体现了德国式的"冰冷机械"，可以看成是德国元素的体现。但这并不是全部。激情奔放的现代舞蹈就展现了日耳曼人热情、活泼、开放、多元的另一面。并且，在这届世界杯的开幕式中，主题曲的演唱者不是传统的日耳曼人或者白种人，而是黑人。可以说，这一次的开幕式，就是一次非常形象的多元文化相融合的展示。过去我们所熟知的德国式的"精确""朴素""刻板""严谨"，已经完完全全被多元文化所取代了。这一次开幕式也可以看成是多元文化融合所造就的创新。

　　鲁迅先生说："……现在的文学也一样，有地方色彩的，倒容易成为世界的，即为别国所注意。"[1] 这句话流传到今天，变成文化创新领域的一个著名论断："越是民族的，就越是世界的"。当然，这个定律并不是无条件的，

---

[1] 鲁迅 . 鲁迅全集 [M]，北京：人民文学出版社，2005，13：81.

比如这个民族是优秀的，民族的这个传统是有特色的，这个传统是具有价值的、积极健康的或者不存在负面效果的。在 2006 年的世界杯足球赛开幕式上展示出来的"德国精神"和"巴伐利亚文化"，就是令人喜闻乐见的。直到今天，全世界的人们也都热衷于在每年的 9—10 月奔赴德国的巴伐利亚州，体验热情而醇厚的啤酒节文化。

与此相对地，中国的传统文化的保护和发扬就很难称得上完美。一个例子就是在动画领域，我们曾经创造出《大闹天宫》《哪吒闹海》《九色鹿》《雪孩子》这样技术水平精益求精、艺术内容精彩绝伦的动画经典。然而在欧美的商业化动漫产业的轮番冲击之下，国产动画片日渐式微。反观现在的国产动画片，例如《熊出没》《喜羊羊和灰太狼》，都让人感觉暮气沉沉，既没有精彩的技术，也缺乏丰富的内容，既无法给儿童以起码的生活常识教化，更谈不上什么积极向上的价值观展示了。

最"中国的"动画技术，莫过于水墨动画。最杰出的代表是《小蝌蚪找妈妈》。1961 年这部动画片公映，被日本动画界称之为"奇迹"。虽然影片时长仅有 15 分钟，却将中国传统的水墨丹青与电影技法融于一体，电影中的鱼虾蟹蛙等动物形象，都是取自国画大师齐白石的笔下，在今天看来依然非常惊艳。这并不是用水墨来制作的动画，只是让动画模仿出水墨的效果。除了背景是真正的水墨画，其余部分全部都是用颜色画上去的。水墨动画的创作过程非常烦琐，也非常有探索性，光是着色就需要反复渲染四五层，完全不符合"效率"的定义，简简单单的每一帧，都蕴含着动画师巨大的心血。做一部水墨动画所耗费的时间和精力，足够做四五部普通动画片了。[①]

1988 年的《山水情》则更上一层楼，在恬淡悠远的画面中融入了道家思想，再辅以古琴的乐音，把中国山水的高远意境表达到了极致。电影中的人物和场景是由著名国画大师吴山明和卓鹤君先生指导的。没有比这个更"中国"的动画片了。

令人扼腕叹息的是，正是由于人力、时间和资金成本巨大，水墨动画如今已经再也无法在屏幕上寻觅。仅仅是简单模仿、照搬美国、日本的动漫模式和技术，使得我们的动画片看起来毫无生气，缺乏创新。因为缺乏工匠精

---

① 上海美术电影制片厂，再也回不来了 [EB/OL]. http://baijiahao.baidu.com/s?id=15873629
28001681364&wfr=spider&for=pc，2017-12-21/2018-08-10.

神，不能持之以恒地投入，没能坚持高举"民族的"大旗，我们没能继承自己的优良传统，我们失去了文化领域的一块重要而宝贵的阵地，失去了在世界上的地位。跟 2006 年德国世界杯开幕式相比，我们对自己的文化缺乏信心，也缺乏继承与创新。

文化融合不仅仅发生在业务拓展、商务交往、休闲旅游这样的日常事务，也可能借助一些非常规事件而产生。比如由于叙利亚战争，近几年叙利亚难民大规模涌入欧洲，对欧洲的社会治安、宗教力量对比、政治生态、国家安全乃至思维方式等方面产生了深远的影响。[1] 例如，在德国普通人的日常生活中，他们不得不面对更多的难民，因此他们的生活习惯、思维方式也都不可避免的发生变化。这对他们的创新有什么影响？我们还不得而知。但是可以肯定的是，正面和负面的影响是同时存在的。德国人既可以获得更多的来自难民的知识和文化，从而对德国的文化创意产业产生更加多元化的创意；也可能因为受到难民潮的冲击而产生一些负面情绪和不快体验，从而反映到艺术创作中。

第三节
李约瑟难题的文化解

李约瑟本人认为中国人的思维具有极大的局限性，重实用而轻分析的思维方式是中国没有产生现代科学的重要原因。另一方面，中国人自古尊崇传统的儒家思想，儒教强调对世界的肯定、顺从和适应，而缺乏对自然探索、对世界进行改造的精神，因此无法推动现代科学的进步。

在中国，历代统治者均推崇儒家文化，儒家传统思想一直是占社会支配地位的意识形态，并且自古以来的社会习俗、道德观念、价值观等均以儒家

---

① 曹兴，徐希才. 叙利亚难民对欧洲产生了哪些影响 [N]. 中国民族报，2017-01-13（07）.

思想作为指导，但儒家思想所倡导的孝悌忠信、礼义廉耻并不利于经济的增长。儒家思想以"仁"和"礼"为核心，推行仁政，认为统治者宽厚待民，施以恩惠，有利于争取民心，以"礼"来维持社会道德秩序。儒家思想主张经济生活中最重要的是平均，正如孔子所说"不患寡而患不均"，认为财富不合理的分配方式有碍于社会秩序的形成。并且，中国古代长期重农抑商的经济政策也是受到了儒家观念的影响，以农业为本，限制工商业的发展，认为农业的生产状况直接关系到国家的兴衰存亡，是国家之大义，而发展商业会使农业劳动力流失，为国家之害。在这种意识形态的主导之下，中国不可能出现资本主义的萌芽，更无法产生工业革命。[①]

强调社会和谐的儒家文化在中国漫长的封建体制下一直占据意识形态的主流地位。一方面，思想上的中庸保守、社会规范上的强调秩序和行为方式上的追求稳健构成了儒家文化的核心特点，这确保了中国在漫长的封建社会期间除了阶段性的朝代更替外，基本保持了社会稳定，也使得中国在前现代社会一千多年的时间里无论经济还是科技水平的发展线路都较为平稳，而不是像欧洲那样大起大落，从古希腊文明的灿烂辉煌到中世纪的混乱与黑暗，再到奇迹般的科学革命和工业文明的产生。儒家文化的入世与实用性也使得中国的科学始终以实用技术发明为特点，四大发明等实用技术的发展在古代中国的确大大领先于中世纪的欧洲。[②]

然而，另一方面，儒家文化讲究社会伦理秩序、讲究人与自然的和谐的出发点，抑制了以质疑、求变、精确和创新为主要特点的科学革命在中国的产生。社会学家马克斯·韦伯在他的《新教伦理与资本主义精神》一书中，通过对东西方文化与宗教的比较研究，提出了西方在宗教改革以后形成的充满理性的"资本主义精神"对近代资本主义的发展及科学革命所起的巨大的推动作用；而中国、印度等古老民族的传统文化中的主流部分则缺少这种理性精神。

古代中国人擅长综合性思考，遇到问题往往用混沌、阴阳等概念来解释，"道可道，非常道"，崇尚不求甚解。我们的祖先不习惯于分析性思维，在

① 柳晨. 制度变迁角度对李约瑟难题的解释 [J]. 当代经济，2015，（22）：132-133.
② 孙晔. 近年来经济学界关于"李约瑟之谜"研究述评 [J]. 教学与研究，2010，（3）：86-91.

探究事物机理的时候缺乏刨根问底的精神。而现代科学正是建立在"一分为二，二分为四"的分析思想的基础上的。

古代中国人重运算方法而轻逻辑推理，没有像西方那样产生形式逻辑学的土壤，不善于做"因——果"关系的演绎。事实上，直到今天，我们也有很多人不愿意费脑筋去做这种事情，不愿意去做抽象化的理论研究、科学论证，而是往往依靠自己的经验或者直觉，看到一些现象就大而化之地拿出一个结论。可以很容易发现，在现实生活中，很多时候我们都是这样，用一句话说明原因，然后立刻就用另一句话说明结果。其实，仔细推敲，这两句话（其实是两个命题）之间根本就没有逻辑上的因果关系——我们的思维其实是跳跃的。在这方面，西欧人的确要严谨一些。自从亚里士多德创建了形式逻辑的体系以来的 2000 多年时间里，西欧人已经逐渐习惯了三段论、演绎推理、因果关系的思维方式。

爱因斯坦就指出：西方科学的发展是以两个伟大的成就为基础的，那就是西方哲学家发明的形式逻辑体系，以及通过系统的实验发现有可能找出因果关系。

一段时间，在中外学者身上能看到这种思考方式的影子：对于现实情况，一些中国学者总是侃侃而谈，但是实质上没有根本性的创新见解，或者是缺乏严格的概念界定和缜密的分析过程，大多是模仿，偶尔产生渐进式创新理论；相反，西方学者在交流时总是喜欢倾听，并且循循善诱，想方设法套出中国学者的信息和零散观点，回过头来进行严格的问题界定，并运用规范的研究方法进行验证，从而产生突破性创新的研究成果，正式发表出来。说到底，他们和马可波罗、哥伦布、麦哲伦，没有什么本质的区别。幸运的是，随着近年来科研水平的迅速提升，许多高水平海归人才的引进，这一情况正在发生根本性的转变。

古代中国人是风险规避型的，而且往往有意识地压抑自己的冒险精神，直到今天也是这样。我们更多满足于小富即安，满足于自己的"一亩三分地"，"老婆孩子热炕头"。而西方人总是不压抑自己的求知欲和野心，遇到问题、困难很少回避，甚至有意向险而行。他们往往很少考虑风险，更多的是追求超额收益。15 世纪以来的地理大发现，涌现了哥伦布、麦哲伦等冒险家；后来又冒出了征服阿兹特克帝国的科尔特斯、征服印加帝国的皮萨罗，抵达澳大利亚的詹姆斯·库克。

1922 年，著名哲学大师冯友兰就在他的一篇文章中谈道："我不妨大胆地下结论，中国没有科学，因为中国所定的价值标准，不要有任何科学……中国的哲学没有科学求证的任何要求，因为他们所要了解的只是他们自己。"[1] 因此，古代中国的理论科学的发展一直落后于实用技术的发展。隋唐以后的科学理论，很少超过九章算术、勾股定理、《水经注》《伤寒杂病论》的高度，因而阻碍了现代资本主义及现代科学在中国的产生。

---

[1]　孙晔. 近年来经济学界关于"李约瑟之谜"研究述评 [J]. 教学与研究，2010，（3）：86-91.

第八章

创新：回到概念的本源

第一节
创新与价值创造

创新（innovation）的概念最早起源于美籍奥地利经济学家熊彼特（Joseph Alois Schumpeter）提出的创新理论，他在其德文版著作《经济发展理论》中，首次提出"创新"概念。[①] 按照熊彼特的定义，创新就是一种"新的生产函数的建立"，即"企业家对生产要素的新组合"，其目的在于获取潜在的超额利润。创新主要包括以下五个方面：

- 引入一种新的产品或者赋予产品一种新的特性；
- 引入新的生产方法，它主要体现为生产过程中采用新的工艺或者新的生产组织方式；
- 开辟一个新的市场；
- 获取原材料或半成品的一个新的供应来源；
- 实施一种新的工业组织或企业重组。

在西方的新古典经济学中，生产要素一般被划分为劳动、土地、资本和企业家才能这四种类型。按照柯布—道格拉斯生产函数，决定工业系统发展水平的主要因素是投入的劳动力数、固定资产和综合技术水平（包括经营管理水平、劳动力素质、引进先进技术等）。其中，技术水平是固定的，真正导致变化的是劳动和资本。这就等于宣判了技术进步对于经济增长推动作用的死刑。

不可否认的是，新古典经济学的前提是资源的稀缺性。这一原则适用于所有的资源，包括自然资源、社会资源。简单地说，就是万物皆有限。然而，这一理论并没有认真考虑创新（包括技术创新）对于经济增长的作用机制。持有创新观念的学者和企业家认为，手上的创新就是重要资源，甚至可能是

---

① 熊彼特. 经济发展理论 [M]. 北京：商务印书馆，1991.

超越了资本、劳动力、土地这些传统上所认为的重要资源。经济增长最需要的是知识和技术，以及在此基础上结合起来并应用于经济和社会的创新。创新为经济增长开启了无限可能。因此，熊彼特的创新概念的提出恰逢其时，为"技术—经济范式"的转变打开了一扇大门。它的重点是针对经济，讨论的是生产力的提升问题。

进入 21 世纪，创新的外延已经远远超出了熊彼特当初提出的范围。如今的创新，在本质上不仅包括以经济增长的方式的转变（经济长波）为代表的"技术—经济范式"的转变，也包括国家和国际层面的"制度—社会范式""科学—研究范式""产业—经济范式"的重构。创新的最终目的是要提升人类的福祉，而这种福祉并不局限于在市场上以金钱衡量的价值，而是包括了体制的优化、社会的进步、人类道德水平和治理水平的提升、科学认识的进步和突破、产业结构的升级等。就好像衡量一个人是否幸福，仅仅看他的存款数量是远远不够的，而必须全面综合地考虑他的修养、文化、快乐程度。

第二节
集约式创新与粗放式创新

有的旅行者发现，在西方发达国家，尤其是在北欧、西欧等发展水平更高一些的国家，在城市的道路上行走，基本上不需要把手中的拉杆箱提起来——人行道的路面很平整，与自行车道、汽车道交汇之处设计了坡度很小的斜坡，需要上下楼梯（尤其是进出地铁站）的地方基本都能找到上下直达的电梯，即使没有直达电梯，也会有扶手电梯（而且不论是直达电梯还是扶手电梯，电梯和人行道的路面之间都用斜坡连接，没有楼梯，从而实现了无缝衔接）。这样一来，旅行者感受到了很大的便利。这种"旅行者友好型"的道路设计，就是一种集约式创新。

进行集约式创新需要些什么要素？从短期成本来看，像人行道路的施工需要设计师进行更加精巧的设计，需要施工者进行更加细致的、个性化的施工，还需要投入不同于标准化的原材料、设备以及特别的物流模式。这些短期成本的确上升了。然而这种上升是有限的，因为斜坡毕竟不是摩天大楼，这种工程的施工和安装都是常规工程，所投入的原材料成本、运输成本、人力成本与没有这种创新的情况相比并没有显著的差别（毕竟，在人行道的尽头增加一个长 20 厘米的斜坡能花多少钱？）。而从长期来看，由于进行了精巧的设计、良好的施工，一旦建成，就进入稳定运行阶段，不需要再投入过多的人财物的资源进行费时费力的维护保养检修。这样一来，事实上极大地节省了长期成本。

这种集约式创新的关键环节是在设计阶段的人文关怀和精巧构思，对客户（旅行者）的感受体贴入微的体察和共鸣。如果设计师在设计的时候没有设身处地地为客户着想，没有细致入微的对每一个细节进行精心打磨，而是为了简单、方便、省事而忽略这些细节，那么就不可能产生这种良好的效果。有的设计，例如家具的材料、建筑物的外墙，看起来设计简单粗糙，然而实际上在牢固性、防水性、防火性、保温性等方面是表现优异的。

从收益来讲，这种集约式创新的收益是显而易见的，为旅行者创造了良好的体验，从而有可能提升客户的忠诚度（旅行者爱上这个国家），提升客户的支出水平（更愿意在这个地方花钱消费），并创造良好的口碑（口口相传效应）。并且，因为对周边自然环境产生的负面影响是很小的，所以这种创新是可持续的。

类似的集约式创新的例子还有很多，尤其是在基础设施建设、城市设计规划、环境工程领域。比如建设资源节约型的城市和小镇，搭建以太阳能、沼气为能源的房屋，修建对周边环境影响小的房屋、公路、铁路、桥梁，修建适合老年人使用的生活设施，生产适合残障人士使用的家用电器，采用环保材料组装的家具，等等。在德国、荷兰、波罗的海等国家的基础设施建设领域、产品开发领域，集约式创新是常见的。

与集约式创新相对，有的创新则是粗放的。

在内蒙古鄂尔多斯、河南鹤壁、辽宁营口等地，出现了一些新规划高标准建设的城市新区，也叫"新城"。这些新城新区空置率过高，鲜有人居住，夜晚漆黑一片，被称为"鬼城"。

鬼城的出现，是我国在快速城市化阶段的特殊产物。地方政府既要满足上级政府下达固定资产投资的考核目标，又要想办法解决人口安置、产业投资的问题，并且必须在很强的时间约束条件下完成，因此建设"新城"就成为一个简单快捷的办法。在这个决策过程中，快速、激进、冒险等企业家精神发挥了主要作用。并且，资源的集聚不是像拼图那样有机地、协调地进行，而是类似于搭积木那样的模块化组合。这种组合式资源集聚的好处是速度快、效率高，然而也带来了沉没成本高、纠错成本高的问题，如果发现有缺陷，改进的货币成本和时间成本都高得令人难以承受。短期内，不需要进行精细的考量，不需要进行费时费力的地形地貌、土壤、水文、植被等环境分析，不需要具体的分析新城建成之后的居住环境、教育、医疗、购物、娱乐、出行、生产等问题，因此省去了大量的时间和设计师规划师的人力。然而，地方政府却不得不承担新城建成后不能达到预期目标、从而变为"鬼城"所带来的成本——人口迁移、缺乏维护保养、设施老化、民众意见和批评，有的时候还不得不进行重新规划、更改设计方案、把已经建成的道路楼房等设施推倒重来。这种长期成本的增加，给地方政府带来了很大的压力。而较低的设计水平，也使得很难寻觅后来的稳定入住者，项目长期的收益难有保证。由于设计、建设的步伐太快，细节考虑难以周到，所以在防雨、排水、遮阳、避风、人行道设计、道路交通规划、生活设施选址、绿地覆盖率等方面可能存在缺陷，从而对可持续性、环境友好性产生不良影响。

这种粗放式创新在后发国家中出现得较多，尤其是处在快速赶超阶段的新兴市场经济体。曾经的山寨手机、名牌服装的低成本仿制品都是这样的例子。

与颠覆式创新相似，粗放式创新的短期成本较低。然而粗放式创新并不是颠覆式创新，因为其技术基础过于薄弱、技术水平过低，因此难以在原有的技术基础上进行更新、升级，也就难以创造属于自己的技术轨道，并沿着这样的技术轨道逐渐提升性能、达到满足主流市场客户的要求、甚至超越原有的主流技术性能。

在北欧、西欧这样的经济体中，比较强调经济增长的效益，企业或个人都注重节约资源、减少能源消耗，将工作、生活等各类活动对环境的负面影响降到最低。因此，在创新路径的选择方面，企业倾向于进行较为充分的前期调研，全面评估企业自身和外部环境等各方面的综合效益，然后再实施创新行动。人本主义、环境保护往往是这些企业在实施集约式创新时的主题词。

在新兴市场国家，在经济快速增长、政策和市场环境变化快、市场竞争激烈的大背景下，企业等创新主体必须在短时间内采取创新行动并力争快速见效，而对于中长期市场需求的稳定预期是不足的。因此，能够满足短期需求、中低设计水平、可持续性不足的创新成为企业的首选。在一些公共建设领域，政府面临短期内的投资约束较强，对短期政绩的需求超出了长期可持续性的需求，因此政府也往往在自身主导的建设领域实施粗放式创新。在短期内，这类创新活动能够产生较大的 GDP 增加值，对国民经济产生明显的刺激作用；然而在长期，由于设计的先天不足，对环境的综合考虑欠缺，因此必然产生较大的维护、保养、更新、升级的压力，需要更多的持续投入，故而长期的效益是不佳的。

粗放式创新的最大价值在于，它为创新主体提供了试错的机会（trial and error）。通过反复的尝试、失败、纠错，创新主体能够积累经验，逐渐提升自己的技术水平和吸收能力，逐步增强自身对项目整体的评估能力，从而为实现赶超战略奠定能力基础。然而，对技术水平的提升必须建立在对未来技术轨道的正确判断的基础上。只有选择正确的技术轨道、而不是过时的、废弃的技术，创新主体才能确保在未来的产业竞争中有自己的位置，甚至蜕变为颠覆式创新、突破性创新的执行者。

表 8-1 列示了集约式创新（intensive innovation）和粗放式创新（extensive innovation）的特点。

表8-1　集约式创新和粗放式创新

评 判 标 准	集约式创新	粗放式创新
实施速度	慢	快
短期成本	中高	中低
长期成本	中低	中高
设计水平	中高	中低
长期收益	中高	低
可持续性	强	弱
环境友好性	强	弱
创新主体的特质	环境友好，人文关怀	企业家精神，冒险精神
主要实施国家	发达国家	新兴市场国家
典型案例	人性化的交通设计，资源节约型的城市和小镇，适合老年人、残障人士使用的生活设施	"鬼城"，仿制名牌服装，"山寨"手机

第三节
精致式创新与朴素式创新

在传统的创新行为中，客户的支付能力往往是比较高的。那些创新的领先用户（lead user）要么是愿意花高价购买那些能够为他们带来更多功能、更高价值、更好性能的产品，要么是愿意出钱去体验过去从未有过的新鲜服务。

为此，企业愿意投入高额的研发成本、聘请资深的研究人员、承担庞大的资源消耗，从事创新活动。为了满足眼光日益挑剔的客户对于创新产品、服务的日益增长的需求，创新者不得不在创新设计方面越来越殚精竭虑、考虑入微。他们必须把系统设计得越来越复杂，而且同时还要把细节设计得越来越精巧。每一个环节都必须完美无瑕、严丝合缝，否则整个系统就不可能良好地运转。这样的创新设计所造就的产品或服务，是精致的，每一个细节都做到了完美或者极限。这样做的结果，当然是能够为客户提供更好的产品、更好的服务体验。然而伴随而来的必然是生产成本的增加，以及维护成本的增加。

作为精致式创新的代表，特斯拉汽车（Tesla）推出的纯电动豪华轿车Model S、智能的全尺寸运动型多用途车 Model X、价格更低廉的 Model 3，广受市场欢迎。特斯拉汽车的卓越性能在很大程度上是来自其整体和细节的设计，对动力系统、安全系统、智能操控系统，乃至汽车外形和内部装饰的设计都做到了精益求精。尤其是在汽车外形的工业设计上，特斯拉与苹果手机有异曲同工之妙，二者都是追求完美主义的杰出代表。

2006 年，特斯拉汽车的 CEO 艾伯哈德（Martin Eberhard）在特斯拉官网中写道："特斯拉汽车是为热爱驾驶的人们打造。我们不是为了最大限度降低使用成本，而是追求更好性能、更漂亮的外观、更有吸引力。"

当然，这些创新并不是免费的。精良的设计和工艺也就意味着价格水涨船高。在中国，一辆 Model S 售价一度达到 147 万元，一辆 Model X 的价格更是一度达到 157 万元（现在已经大幅降价）。

　　然而，传统的、发达国家中的那些创新带来的资源高消耗和功能过度丰富化是被新兴市场中的用户所诟病的。在资源匮乏、经济欠发达、人民生活水平普遍不高的新兴市场经济体，有近40亿消费者的年消费额少于1800美元（约1万元人民币），他们的消费能力很有限，他们一个人一辈子的开销攒起来也不一定买得起一辆Model X。他们被称为BoP（bottom of pyramid）消费群体。他们对产品的需求较为简单。他们不需要Model X，他们需要的甚至也不是大众汽车的SANTANA。如果他们要买一辆车，他们不需要炫目的音响、华丽的外观、强劲的动力、甚至起码的安全系统。他们需要的——如果说比一辆自行车稍微现代化一点——那就是一辆具有最基本驾驶功能的汽车：耐用、轻便、灵活便捷、人性化设计、简单、容易买到、容易维护、适用、使用本地资源，当然还有最重要的——买得起！

　　特斯拉是做不到这些的。国际上大多数汽车生产企业通过传统方式所生产的汽车型号都不可能满足BoP用户的需求——想一想，这些人为一辆车只能付得起2万~3万元人民币。这样的车生产出来，不亏本才怪！所以大多数汽车企业没有积极性去开发这样的车也就不奇怪了。

　　2009年，印度TATA集团推出了Nano。这辆汽车严格说起来只是一辆可以遮风避雨的四轮机车，车身上到处都是低价布料与硬质塑料。全车的配置简单到了极致，一个字——省！0.6升的排量，没有收音机，没有空调，没有助力转向，没有保险杠，轮胎中没有内胎，后视镜只有一个，雨刮器只有一个，安全气囊甚至也省掉了！Nano堪称史上最便宜的车款，当时的售价只需要5000美金（约2万元人民币）。

　　Nano汽车是朴素式创新的典型。它的开发速度快，开发周期短，设计水平低，资源消耗少。在用户的成本投入方面是比较有优势的，然而收益也不可能比精致式创新高。它更适合于收入水平低的BoP用户。从根源上来讲，其实它反映了创新者的"凑合""将就"的态度。这不仅仅是创新者主观的选择，而且也是由于所在地区的市场状况、文化、思维方式的真实反映。正是由于用户的支付能力较低，因此在开发产品的时候，企业也不可能选择"最优方案"，而不得不选择"最合适方案"，而这种"退而求其次""委曲求全"的办法，毫无疑问是市场选择的结果。

　　Nano汽车并不是朴素式创新的唯一代表。早在20世纪末，中国南方就已经用"山寨"手机诠释了朴素式创新可以取得多大的成功。运用联发科的芯片，再加上模仿名牌手机的外观设计，"山寨"手机以其低廉的价格、"足够用"的性能赢得了数以百万计的中国用户。

然而，当新兴市场经济体逐步实现产业升级，其庞大的国内消费者的收入水平和支付能力也日益提高，那么 BoP 市场的缩小就在所难免。越来越多的用户日益倾向于选择精致式创新，而不再是朴素式创新。这就必然导致原有的朴素式创新的产品逐渐被市场淘汰，原有的技术路径被摒弃。对于厂商而言，这就意味着构建新的技术路径、技术平台、研发体系，转换创新理念和文化，这也就意味着较高的转换成本。事实上，在这种情况下，很多原有的朴素式创新很有可能被市场所淘汰。在 2018 年 6 月，Nano 汽车在整个印度市场只卖出一辆。TATA 已经宣布 Nano 将会在 2019 年正式停产，未来也不会有任何新车型的开发计划。[①] 类似的情况在"山寨"手机市场已经出现过了。越来越多的中国用户选择购买昂贵的品牌手机，而不再青睐价格低廉但是在质量、性能、功能、做工、安全性等方面都不如人意的"山寨"货。

表 8-2 列示了精致式创新（exquisite /sophisticated innovation）与朴素式创新（frugal innovation）的特点。

表8-2 精致式创新和朴素式创新

评 判 标 准	精致式创新	朴素式创新
实施速度	慢	快
资源消耗	多	少
短期成本	高	中低
长期成本	中低	中低（转换成本高）
设计水平	高	中低
收益	高	中低
用户的收入水平	高	中低
创新者的特质	工匠精神，精益求精，力求完美	"凑合"，"将就"，不求甚解
主要实施国家	发达国家，中国	中国、印度等发展中国家
典型案例	特斯拉汽车、iPhone、AlphaGo、Kuka机器人、"天河"超级计算机，中国餐饮业	Nano汽车、"小小神童"洗衣机、"山寨"手机

在一些情况下，集约式创新和精致式创新是相互交织的。

每年夏天，常有暴雨导致城市内涝的新闻，例如北京。而在山东省青岛

---

① 有评论指出：人们买汽车就是希望"能够享受开汽车带来的感觉"，而不只是为了要有一台车而买。他们宁愿买不起，也不愿意买一台"摆明就像是给买不起的人所粗制滥造的汽车"。

市的老城区，德国人在一百多年前修筑的下水道工程至今还能运转流畅，保证老城区不积水、不倒灌、不内涝。令人叹为观止。

首先，这些下水道实现了雨污分流，也就是厨房厕所排的水走一条路，雨水单独走另一条路，这在很大程度上缓解了雨水通道的压力，减少雨水通道被堵塞的概率。具体来说，这些下水道分为雨水下水道（防内涝）、污水下水道（排出冲水马桶等产生的生活污水）与混合下水道（雨水、污水共用）三种。其次，建筑的强度很高。在初期，铺设下水管道所用的水泥、钢筋都来自德国，而铺设的下水管道尺寸之大（达到 2 米 ×2 米），甚至开个大面包车进去都绰绰有余，连德国人都称之为"怪物"。下水道里的空间相当大，小孩子经常钻进去"探险"，进入下水道的末端。过了这么多年依然在使用中，足够说明当年建造者对工程的要求有多么严格。第三，系统的设计精巧。下水道里有一些蛋形陶管，至今难以砸破，而后来安装的管道则早已经锈迹斑斑。还有一种被称为"雨水斗"的机关。这种雨水斗的横截面呈"h"形，可在雨水进来后将脏物沉淀到左边的"斗"中，而质量较轻的雨水则顺着右边的管道排走。如此一来，杂物既容易清理，也不会造成整个排水管道的堵塞。与这个"雨水斗"所匹配的，还有一种特制的清除器，形如苍蝇拍。该物品头部可以活动，由一根绳索连接着根部。只要轻轻一拉，清除器的网状头部就可以自由活动，将"雨水斗"中的杂物轻易取出。目前，在青岛老城区有上百个百年前"古力盖"仍在使用中，并且乌黑光亮如新，极少有锈蚀痕迹。而之后新加的国产井盖，多年间已换过了几批，显示出铸造质量的差异。细节也是古力盖的一大长处：德式的雨、污水井盖不仅有符号标明，还有大小之分，雨水井盖大，污水井盖小。而国产市政井盖大小一样，区分不明显，一线工人常会装错。最后，在青岛建城 100 周年的时候，青岛方面和德国公司（不是原建筑公司，是原建筑公司被收购之后的新公司）联系过，对方还能拿出当年的建设图纸和说明。工作做得如此精细，毫无疑问，这一创新是精致的，可以称得上精品，甚至艺术品。

有研究指出，青岛之所以能够在当时被建设成为一座亚洲最超前的花园城市，与德国政府所提供的巨额资金补贴关系甚大。"拨给这块小小租借地的补贴总计达到 1.74 亿金马克。"如 1905 年批准了 30 万金马克经费，1906 年是 20 万金马克，1907 年是 34 万金马克，1908 年是 14 万金马克。德治青岛 17 年间，至少投入了约 600 万金马克。"由于建下水道系统造成的高昂费用，（工程结束）之后几年仍有争论，并招致'建造过于大手大脚和花钱多'

的批评。"① 这么看来，这项工程似乎过于昂贵了。下水隧道尺寸过大，使德治青岛城区的防内涝能力远超过其实际所需，浪费是显而易见的。

然而，浪费与否，不应当仅仅看支出。从收益来看，青岛的下水道系统，其先进程度，远远超过了当时西方各国在华的其他租界区。1911 年 9 月，一场台风在华北造成了可怕的毁坏，但在青岛造成的损失却很小。1914 年，日军占领青岛。对德国的城市建设，日本人给予了很高的评价。具体到下水道系统，日本媒体曾感叹"它们如此完美"。 这座"德国模范殖民地"的市政规划，成为日本政府模仿、学习的对象。日治期间，青岛城区有很大的扩展。扩展部分的下水道系统，仍沿袭德国旧制。1922 年，中国北洋政府收回青岛，其治理维持到 1928 年，期间亦对青岛城区有所扩展，但是相应部分的下水道同样沿袭了德国旧制。南京国民政府时期，青岛城区继续扩张，其下水道建设还是因袭了德国旧制。这么多年下来，对这套下水道系统的维护、保养所产生的开支，远远低于对其他地区的排水系统的维保费用。所以，就总成本而言，青岛老城区的这套排水系统是不昂贵的，更不要说它在城市排污、防汛防涝方面的巨大功绩了，除了经济效益，还有巨大的社会效益。因此，综合而言，这一创新也是集约式的。

青岛的排水状况优良，固然有青岛城市的山地丘陵地势和近海地理位置方面的优势，也有青岛市强有力的排水维护与应急机制的因素，还有青岛总体降雨量比较平均的原因，但是综合来看，德式排水系统是功不可没的。

第四节
情趣式创新

在当前的中国，生产制造领域的创新鲜为人知，但是在以餐饮、娱乐为代表的服务业却有很多有趣的创新。

① ［德］托尔斯藤·华纳.近代青岛的城市规划与建设 [M].青岛市档案馆，编译.南京：东南大学出版社，2011.

中国的餐饮文化源远流长。"民以食为天"。中国人把餐饮看得很重要。不论是亲朋好友相聚，还是生意伙伴会谈，到什么样的地方吃什么样的饭菜都是非常讲究的。传统的川、鲁、苏、粤、闽、浙、湘、徽这八大菜系已经不足以令国人满足。于是新的菜品不断地涌现出来。

有的饭店把菜肴放在各式各样的模型当中，例如汽车模型、留声机模型、甚至地雷模型……这些新花样，令食客们拍手称奇，也感受到了传统的"色香味"三要素之外的情趣，从而胃口大开，食欲更佳。

重庆火锅中的"九宫格"，把一个锅分成九个格子，既可以让不同的食客吃，每一个人占用一个格子，也可以根据中心格、十字格、四角格的不同温度、不同牛油浓度来烹煮不同的荤素菜品。随着火锅在全国范围内的盛行，"九宫格"也走出山城，被全国食客所追捧。后来，"九宫格"甚至被借用到了管理学理论当中，在战略管理、人力资源管理、项目管理等方面都发挥了作用。

在云南米线、福建沙县小吃、重庆小面、陕西面馆里，墙上往往张贴着大幅的宣传画或者诗歌，主题不外乎三个：菜系的历史传承、菜肴的营养价值、菜肴的花边故事。这样不仅仅使客人在吃饱饭的同时还能了解一些有关的知识，也能使客人对这些菜肴的认识更丰富、更深入，并且从心底里更加认同和喜爱这些菜肴，从而拉近了两者的距离。有的奇闻轶事甚至从餐桌上流传开来，成为大众喜闻乐见的谈资，提升了客户体验。

中国人的娱乐比较纯粹，除了台球、电子游戏、影视剧之外，不外乎唱卡拉OK、打麻将、打扑克、广场舞。其中，卡拉OK比较适合于年轻人。但是人数往往太少，怎么办？于是有人发明了单人或双人使用的"友唱"，用一个三尺见方的小隔间，满足用户碎片时间的娱乐消费需求。

甚至在如厕这个问题上，中国人也发明了新鲜花样。在很多厕所的墙上，都有各式各样、五花八门的张贴画，内容千奇百怪，令人大开眼界。有的富有哲理："人不能两次踏入同一个洗手间。"有的在充满激情的同时也提醒了人们爱护卫生："同志们，冲啊！"有的则干脆写上一则小笑话。

有的洗手池的镜子被设计成优雅的苹果手机的样式，令如厕者的自我感觉瞬间良好起来。

在上海虹桥火车站，厕所甚至步入了信息化时代——在一块大屏幕上，用红色和绿色的小方格清楚地显示了每一个蹲位是否处于"被占用"的状态。

这些创新充满了生活情趣。它们的价值并不在于真的给用户提供了多么丰富的实用功能——基本的餐饮、唱歌、厕所的功能都已经本来就嵌入在这些服务之中。这些创新的不同之处在于：他们通过微妙的心理暗示，使客户在享受这些服务的同时具有更好的情绪、更轻松的心态，从而提升客户体验。正面情绪、乐观精神是可以在人与人之间传递的。通过更多的这些"情趣式创新"或者说"乐观式创新"，在这些用户群体中产生良好的口碑效应，从而提升客户的愉悦感和幸福感。从这个角度来说，这种独具中国特色的"情趣式创新"在当前的时代是颇有现实意义的。

第五节
中国创新在世界上的地位

中国人的民族自尊心和自豪感是很强烈的。一旦谈起四大发明，或者汉唐时期的辉煌，每个人胸中仿佛都充盈着无限的活力。随着国力的增强，这种自尊心和自豪感也变得越来越突出。然而，当我们要与发达国家进行综合国力比较的时候，又往往跌入一种失落和自惭的境地，因为我们很难拿出与美国的基础研究、德国的工程机械、日本的电子产品、北欧的福利制度相媲美的东西。

其实，这种认知的割裂，以及由此产生的内在的不调和，在很大程度上是由于我们对自己的创新还没有形成一个正确的观察视角。从一个合理的视角来审视中国的创新，对于我们准确地把握自己所处的位置，并且在今后更好地开展创新工作，具有重要的意义。

一、古代中国的创新

中国是四大文明古国之一，并且是仅有的古代文明没有中断、完整的延续至今的文明古国。公元1840年之前的中国人，属于世界上最富有创新精神、最勇于创新实践的人群。

在哲学方面，先秦时期的老子、孟子、庄子、荀子、韩非子等，各自提出了较为朴素的哲学理论，与古希腊哲学遥相呼应。后世的董仲舒、朱熹、王充、王守仁、黄宗羲、王夫之等在前世的基础上逐步完善了哲学理论。

在科学①方面，张衡、僧一行、郭守敬、徐光启等人在数学、天文学、历法方面做出了具有世界领先水平的研究成果。祖冲之在人类历史上首次将"圆周率"精算到小数点后第七位。沈括是百科全书式的科学家，他的《梦溪笔谈》被称为"中国科学史上的坐标"。

在技术②方面，春秋战国时期的鲁班发明了锯子、曲尺、墨斗多种工具器械。战国时代，李冰主持修建了都江堰水利工程，使成都平原成为沃野千里的天府之国。蔡伦发明了造纸术，毕昇发明了活字印刷术，加上指南针和火药，成为世界知名的四大发明。在两千多年前的秦朝，就修建了长城以抵御匈奴的入侵，并修筑了直道，建立了全国一体化的交通系统，这两项工程的巨大和精密也是举世罕见的。

在经济产业界，春秋时期的管仲是最早的重商政策倡导者，他"轻重鱼盐之利，以赡贫穷"，"相地而衰征"，"山泽各致其时"，使齐国"通货积财，富国强兵"。范蠡"累十九年三致金，财聚巨万"，但他仗义疏财，从事各种公益事业，获得"富而行其德"的美名。吕不韦以"奇货可居"闻名于战国，他最大的成就是通过偷梁换柱之计，辅佐秦始皇登上帝位，自己则任秦朝相国，并组织门客编写了著名的《吕氏春秋》，他独具匠心的运作，成就了世界历史上绝无仅有的"商人谋国"的创新。

在教育方面，孔子、墨子、孟子、董仲舒、朱熹、王守仁等，都是中国

---

① 科学是关于自然世界的知识，包括科学方法建立，自然现象的系统性观察和解释，其原理的研究。

② 技术是运用知识（包括科学知识）解决生活和工作中问题的技巧，包括为此发明的有用的工具和方法。

古代著名的教育家。孔子开创了私人讲学风气，在全世界的教育学领域具有举足轻重的地位。岳麓书院、白鹿洞书院、嵩阳书院、应天书院合称中国古代四大书院，古代中国用这种独具一格的传承方式培养了大量的人才。

在文化艺术方面，中国古代涌现出了一大批文人骚客。在文学家、诗人当中，最耳熟能详的名字包括：屈原，司马迁，李白，杜甫，白居易，陆游，欧阳修，苏轼，曹雪芹，罗贯中，吴承恩，施耐庵，蒲松龄……除此以外，古代中国还拥有众多风格独特、举世无双的文化活动：包括京剧、川剧、黄梅戏、越剧等在内的庞大的戏剧体系，包括笔墨纸砚、行草隶篆在内的书法体系，水墨丹青的国画，此外还有瓷器、漆器、篆刻、剪纸、皮影、雕塑、刺绣、丝绸、民族乐器，等等。在独特的汉语言文化体系的孕育下诞生和演化的五光十色的文化活动形式，使得中国文化在全球具有独一无二的魅力。[①]

在军事方面，中国古代风起云涌的战争活动造就了一大批军事家。春秋末期，孙武率兵6万打败楚国20万大军，攻入楚国郢都，他的《兵法十三篇》是我国最早的兵法，他是我国军事理论的奠基者，我国古代军事谋略学的鼻祖，被后世誉为"兵圣"。军事思想"谋战"派代表人物韩信，善于灵活用兵，最终用"十面埋伏"击败了项羽。三国时期，诸葛亮做"隆中对"，出山后火烧博望、火烧新野、火烧赤壁，奠定了三分天下的局势，又帮助刘备攻取西川，随后南征蛮夷，北出祁山，呕心沥血，鞠躬尽瘁，被后世奉为楷模。白起、李世民、岳飞、成吉思汗、朱元璋、郑和、戚继光、努尔哈赤……不得不说，错综复杂的政治军事形势、气魄宏大的战争规模，使得中国古代的军事理论和军事实践在全世界都是首屈一指的。

在医学方面，战国时期的扁鹊是中医学的开山鼻祖，他创造了望、闻、问、切的诊断方法，奠定了中医临床诊断和治疗方法的基础。东汉末年，华佗擅长外科，"麻沸散"的使用是世界医学史上最早的全身麻醉，还发明了"五禽戏"。东汉张仲景所著的《伤寒杂病论》是人类医药史上第一部"理、法、方、药"完备的医学典籍，他第一次系统完整地阐述了流行病和各种内科杂症的病因、病理以及治疗原则和治疗方法，从而确立了"辨证论治"的规律，奠定了中医治疗学的基础，因此他也被尊为"医圣"。唐初的孙思邈

---

① 有科幻作家甚至认为，汉语与生俱来的模糊性，使其在地球人与外星高级生命的生死攸关的斗争中将发挥关键性的作用。

被尊为"药王"，一生致力于医药研究工作，著有《千金方》，创立脏病、腑病分类系统。明代的李时珍参考历代有关医药及其学术书籍八百余种，结合自身经验和调查研究，穷搜博采，历三十年，三次易稿而成药物学的总结性巨著《本草纲目》，这是我国医学史上一大巨著，被称作"东方医学的巨典"。中国的医药体系在这些医学家的努力之下逐渐建立和完善起来，时至今日，不能不说是人类创新文明宝库中的一颗独特而奇丽的宝珠。①

在政治体制变革方面，中国古代从来不乏勇于为变法而冒风险之人。战国的商鞅变法，奖励耕织，废除特权，推行连坐，统一度量衡，通过严刑峻法成就了强秦。北魏孝文帝顺应历史潮流，政治上整顿吏治，实施俸禄制度，严惩贪赃枉法，经济上实行均田制，完善农村基层政权，又迁都洛阳，穿汉服，说汉话，改汉姓，并提倡与汉族通婚，加快了民族融合的步伐。北宋的王安石制定和实施了诸如农田水利、青苗、免役、均输、市易、免行钱、矿税抽分制等一系列的新法，从农业到手工业、商业、军事、教育，从乡村到城市，展开了广泛的社会改革。自上而下的变革，在中国的政治体制创新中扮演着重要角色。

如果仅看科学和技术领域，从新石器时期到公元前800年（中国铁器时代开始之前）的几千年，中国先民们的主要贡献是在农业技术方面。春秋战国和秦时期（公元前800年—公元200年）的600年，技术活动比较活跃，主要贡献在居家生活用品和工具方面。四大发明中的纸和罗盘（指南针的原型）诞生在这个时期。汉朝至南北朝（公元前200年—公元600年）的800年，主要技术贡献在一些生活用品和生产工具。唐、宋时期（公元600—1300年）的700年，主要技术贡献是工业技术和工具。四大发明中的火药和活字印刷都在这个时期趋于成熟。然而，自宋朝之后，中国的科技创新几乎完全停滞，尤其是在明清时期大大落后于西方。②

如果单纯以科学研究成果是否处于世界领先水平而论，在两千多年的时间跨度中，中国居于世界绝对领先地位的科学成就确实很少（而且主要集中在天文学方面，观察和记录了很多天象，但在其规律研究方面少有科学建

---

① 时至今日，中国还有很多人对中医、中药提出质疑甚至谩骂。这对于中医是极大的不公。
② 董洁林，陈娟，茅莉丽. 从统计视角探讨中国历史上的科技发展特点 [J]. 自然辩证法通讯，2014，36（3）：29-36.

树）。另外一个不能被忽视的问题是，这些成果大多是个别人偶然和孤立的成果，以经验性、观察性为主，在这些伟大学者之后，几乎没有人继续他们的工作。相比之下，欧洲从古希腊时期以来，科学研究往往能够形成学派，每个学派有自己的研究范式和研究重点，采用"假说—实验—理论—验证"研究模式，并用数学作为核心工具，从而有可能提出新的范式，形成"科学革命"。

　　然而，要知道古代可没有全球一体化的概念，也没有什么像样的信息交流，甚至连标准化的文献资料库都没有。帕米尔高原—青藏高原将以中国为主的东亚文化圈和包括了波斯、阿拉伯、土耳其、古希腊、古罗马等环地中海世界的西方文化圈隔离开来。在那样的情况下，仅仅依靠一条若即若离的丝绸之路，东方和西方文明体系之间是完全无法开展有效的学术交流的。因此，各自的科学研究活动基本上是独立地进行的，各种科研成果也基本上是独立地获得的。考虑到那样的情况，在清朝以前中国的很多科学研究成果，即使不具有世界领先水平，然而却是在完全独立的、没有参考其他文明的科研成果的情况下做出的，因此仍然完全可以称得上具有显著的创新性。实际上，历史上我们拥有大量的科学成就，我们自己都不曾重视甚至很长时间以来都没有人意识到这些成就的存在。①

　　在技术方面，全球的技术交流在古代比科学交流要广泛和深刻得多，这主要是得益于陆上丝绸之路和海上丝绸之路（这恐怕也可以称得上创新）。商人、探险家、江洋大盗把技术有意或无意地进行了传播。中国的技术创新主要分布在丝绸陶瓷等居家用品、农用和手工业工具，早期也有一些军事武器、天文观察工具等。新石器时期和农业革命时期中国的先民在技术创新方面比较活跃。宋朝之后，技术创新就几乎完全停滞。另外，与西方史书中科技创新者的名字和故事被生动记载的传统很不同的是，中国很少有关于技术发明者的记载（秦汉时期还有一些，从唐宋以后便非常稀少），这一事实凸显发明家、技术人员在中国社会地位低微。这是必须正视的。

---

① 在这方面，李约瑟等著的7卷30余册《中国科学技术史》（*Science and Civilization in China*）是一座历史的丰碑。他纠正了很多早期学者认为"中国没有科学和技术发明"结论，也开启了中国和西方科技发展史的比较研究视角。有学者用统计的方法来整理有关中国历史上科学创新的统计数据，并与几个主要文明体系在一些历史横截面进行比较。可是这样单纯以科研水平来衡量创新、不考虑文明体之间的独立性，可能是有失偏颇的。

然而，创新不仅局限在科学和技术领域。如果综合教育、文化艺术、军事、政治变革等非科技领域来看，实际上中国的创新活动一直在延续，即使是在宋朝之后也一直在世界上独树一帜，例如独特的红顶商人、文学、绘画、戏曲等。在 21 世纪，这些领域反而经常被冠以比"科技创新"更高的头衔，比如"商业模式创新""文化创意产业"。现如今，这样的创新正在美国、欧洲大行其道，大有风头盖过科技创新之势。的确，尽管科学技术的进步是人类文明前进的重要动力，但是不可否认的是，新的制度、新的思想、新的文化形式，对于推进社会文明也具有不可忽视的力量，有的时候甚至是比科学技术更加重要的力量。以这样的观点来看，中国在各个领域的创新实际上是很全面的。如果能够按照今天的商业模式进行全面布局、合理规划，尤其是大做广告的话，那么很可能在明朝就出现全世界追逐京剧明星而不是好莱坞明星、以擅长中国书法为荣而不是争先恐后地学习英语、街头巷尾谈论的不是电影《碟中谍》而是中国古典小说四大名著的情形了。

二、近代中国的创新

1949 年之前的近代中国，积贫积弱，千疮百孔。就是在这样的环境下，也有许多的有识之士在各自的领域奋斗，做出了具有开创性的工作。

在哲学方面，胡适的《中国哲学史大纲》第一次突破了千百年来中国传统的历史和思想史的原有观念标准、规范和通则，成为一次范式性的变革，给当时学术界以破旧创新的空前冲击。章炳麟、冯友兰等也是著名的哲学家。

在科学方面，严复翻译了《天演论》等西方学术名著，率先把西方的科学理论引入中国，成为近代中国开启民智的一代宗师。

在技术方面，铁路工程专家詹天佑主持修建了京张铁路，这是中国首条不使用外国资金及人员、由中国人自行设计、投入营运的铁路，也培养了一大批专业工程技术人才。建筑大师梁思成为文物建筑保护做出了巨大的努力，是研究"中国建筑历史的宗师"。

在经济产业界，清末洋务运动中，以曾国藩、李鸿章、左宗棠、张之洞为代表的洋务派官员，以及胡雪岩、叶澄衷等商人，提出了"中学为体、西学为用"的原则，创办了江南制造总局、福州船政局等军工企业，以及萍乡煤矿、开平煤矿、漠河金矿、轮船招商局、电报总局、上海机器织布局等官督商办企业。洋务运动在中国掀起了以富国富民为主的重商运动，使中国的现代化商业萌生并渐渐成长，催生了资产阶级，发展了无产阶级。

在教育方面，近代中国涌现出了像蔡元培、陶行知、黄炎培、梅贻琦等大教育家。在抗日战争时期，条件简陋的西南联合大学却因为拥有朱自清、闻一多、梁思成、冯友兰、钱穆、钱钟书、华罗庚、费孝通、赵九章、林徽因、吴晗等大师，以及"内树学术自由，外筑民主堡垒"的导向，培养了一大批优秀学生，包括两名诺贝尔物理学奖得主、近百名中国科学院和中国工程院院士、8名两弹一星功勋奖、4名国家最高科学技术奖，为中国以至世界的发展作出了不可磨灭的贡献。

在文化艺术方面，近代中国虽然面临内忧外患，然而惊涛骇浪却孕育了重大的思想变革。著名思想家胡适、陈独秀、李大钊以倡导白话文、领导新文化运动闻名于世。一大批具有新思想、新观念、勇于创新的文学家登上历史舞台：鲁迅的文字辛辣尖锐、浓黑悲凉，既愤世嫉俗，又悲天悯人，刺痛了亿万国民久已麻木的神经，催人奋进，发人猛醒；老舍善于准确地运用北京话表现人物、描写事件，使作品具有浓郁的地方色彩和强烈的生活气息；周作人最早在理论上从西方引入"美文"的概念，提倡文艺性的叙事抒情散文，对中国现代散文的发展起了积极的作用；曹禺的戏剧作品具有强大艺术感染力，其处女作《雷雨》被公认为是中国现代话剧真正成熟的标志；钱钟书学贯中西，在当代学术界自成一家，长篇小说《围城》风格幽默，内涵充盈，兼以理胜于情，成为现代文学经典……在这一大潮中也不乏特立独行的弄潮儿，比如李宗吾自诩为"厚黑学宗师"，认为"厚而无形黑而无色"乃是厚黑的最高境界，实际上开启了对国民性反思的思辨之路；李敖"以玩世来醒世，用骂世而救世"，以其杂文反封建、骂暴政、揭时弊，呼吁政治民主，鼓吹言论自由。

在军事方面，中国近代涌现了一大批卓越的军事家。曾国藩、左宗棠是晚清军事近代化的奠基者之一。蔡锷在军队建设方面有卓越主张，在反对袁世凯的战斗中以迂回包围战为特色。毛泽东在抗日战争中制定的"防御，相持，反攻"的三阶段持久战思想被证明是高超的战略，他在国共内战中体现出来的全盘调度的大局观也令世人瞩目。[①] 粟裕在组织大兵团作战中，用兵

---

① 毛泽东的用兵被一些军事家称为"作诗一样"，气势磅礴。

灵活，"愈出愈奇，越打越妙"，在孟良崮战役中先是诱敌深入，随后虎口拔牙，创造了"百万军中取上将首级"的经典战例；在淮海战役中以不拘一格的围追堵截方式击败了对手，书写了 60 万战胜 80 万的奇迹。

在政治变革方面，康有为、梁启超等爱国志士发起戊戌变法，倡导学习西方，提倡科学文化，改革政治、教育制度，发展农、工、商业等，虽然屡次失败，却对社会进步和思想文化的发展、促进中国近代社会的进步起了重要推动作用，谭嗣同更是留下"我自横刀向天笑，去留肝胆两昆仑"的千古绝唱。中国民主革命伟大先行者孙中山，毕生倡导三民主义，身体力行，推翻清朝，粉碎袁世凯的复辟，坚持民主、共和救中国的信念与理想，为了改造中国耗尽毕生的精力，也为政治和后继者留下了坚固而珍贵的遗产。

总体而言，近代中国，在科学技术方面的创新乏善可陈，在产业创新方面勉为其难，不过在教育、文化、艺术、军事、政治方面，则涌现了一大批具有鲜明时代特色的创新人物和创新成果。大浪淘沙，百炼成钢。在国家危亡、民族羸弱的时刻，民主思想成为拯救中国的希望。正是民主思想孕育了那些创新活动，使得最杰出的创新者在时代的狂风暴雨、惊涛骇浪中脱颖而出，成为挽狂澜于既倒、扶大厦之将倾的中国崛起的栋梁。在这个意义上，那一段百家争鸣的时期，对中国的科学创新、技术创新、产业创新，可以说是最坏的时代；然而对中国的体制变革、文化发展、思想重塑而言，也可以说是最好的时代。

三、现代中国的创新

现代中国正在致力于建设创新型国家。在各种会议、文件、报告中，创新已经成为最夺人眼球的关键词。在各个领域，创新活动风起云涌。

在科学方面，中国涌现了航天与导弹专家钱学森、气象学家竺可桢、地质学家李四光、核物理学家钱三强和邓稼先、数学家华罗庚和苏步青、建筑学家梁思成、物理学家朱光亚等、量子通信专家潘建伟等世界著名的学者。然而，多年以来中国大陆本土学者没有诺贝尔奖的尴尬现实，说明中国在基础研究领域的体制机制还存在很大问题。这个问题并没有随着药学家屠呦呦获得诺贝尔奖而得到根本解决。

在技术方面，袁隆平的杂交水稻技术解决了中国 13 亿人的粮食问题，徐舜寿是中国飞机设计研制的开拓者。借助于举国体制，中国自行研制的火箭、弹道导弹、原子弹氢弹，取得了卓越的成就。中国在航天、可控核聚变、激光、高层建筑、大型水库、高速铁路、量子通信技术方面处于全世界领先水平。

在经济产业界，今天的中国经济飞速发展，产业界也相应地涌现出一批举世瞩目的重量级人物。从改革开放初期的海尔的张瑞敏、联想的柳传志、长虹的倪润峰，到互联网领域的弄潮儿张朝阳、丁磊、王志东，到后来居上的新东方的俞敏洪、巨人集团的史玉柱、万科的王石、华为的任正非、阿里巴巴的马云、百度的李彦宏、腾讯的马化腾、京东的刘强东、褚橙的褚时健……中国的产业领袖已经越来越多地活跃在国际舞台。

在教育方面，目前中国的教育体系的整体结构、运作、保障都存在较大的问题。虽然曾经有过"教育产业化"这样的"创新"，但是这种创新本身在价值导向方面存在很大争议，实施的效果也并不理想。钱学森之问已经提出多年，但是"为什么我们的学校总是培养不出杰出人才？"这个问题还是需要教育界花更多的精力来认真反思。

在文化艺术方面，今天的中国，拥有全世界以其为母语的使用人数最多的语言：汉语。文学领域的大家众多。其中，赵树理以《小二黑结婚》《李有才板话》为代表作，开中国当代通俗文学的先河。姚雪垠倾注数十年心血，撰写了历史小说巨著《李自成》共 5 卷约 300 多万字。年轻诗人汪国真，用诗歌影响了改革开放初期那整整一代人。此外，还涌现出一些非主流文学的先行者：王硕的"痞子文学"或"新京派"，改编成电影电视剧之后红遍了大江南北；王小波敢于公开挑战"革命逻辑"，读后让人掩卷沉思，回味良久；李承鹏快意恩仇，大胆揭露中国足球界的腐败，嬉笑怒骂，笔触辛辣；金庸、古龙等把传统的武侠小说进行改进，写出了《天龙八部》《笑傲江湖》等让一代中国青年如痴如醉的作品；当然还有第一位获得诺贝尔文学奖的中国本土作家莫言，作品大量运用了意识流的手法，充满现实主义和黑色幽默，有一种神话般荒诞的特质；凭借《三体》获得科幻小说领域全世界最高奖雨果奖的刘慈欣等，齐白石、徐悲鸿、张大千等，都是卓越的当代画家，其风格各成一派。在文艺界的其他领域，也有大量的创新，中央电视台一年一度的春节联欢晚会就是其中一例。而在春晚登台的许多作品让人耳目一新，比如李谷一的《难忘今宵》、赵本山的《卖拐》和《相亲》、黄宏和宋丹丹的

《超生游击队》、陈佩斯和朱时茂的《吃面条》和《主角与配角》、聋哑人舞蹈《千手观音》等。非主流的文化活动也很广泛，比如郭德纲的相声、周立波的海派清口等。

在政治变革方面，邓小平坚持解放思想、实事求是，创立和发展了建设有中国特色的社会主义理论，科学地阐明社会主义本质，并且带头废除领导职务终身制，他还提出"一国两制"的天才构想，为实现祖国和平统一大业作出了无与伦比的贡献。今天的中国，致力于建设"创新型国家"，这本身也是一种极大的创新。

当代中国在科学技术领域的创新，不能不说在很大程度上归功于举国体制。举一国之力，在若干关键领域取得重大突破，"集中力量办大事"是我们的优势。产业领域的创新，一度也主要依赖举国体制，例如国有企业的崛起。可是在市场化程度越来越高、产业生态越来越多样化的情况下，越来越多的产业创新是从民营企业、市场行为中诞生的。在文化艺术等领域，则主要还是借助于"草根"的力量。中国的语言文字文化的内涵是丰富的，可塑性是极强的，在文化方面，中国的创新潜力巨大。

总的看来，尽管今天的创新良莠不齐、泥沙俱下，也有很多创新的象征意义大于实际价值，然而不可否认的是，通过"千金买马骨"效应，越来越多的能人投入创新的大潮。今天中国的创新，在世界舞台上扮演越来越重要的角色，对世界的影响力也越来越大。